第2版

我的第一本 科学游戏书

郑大新 ★ 编著

U0307114

中国纺织出版社

内 容 提 要

学习科学知识的捷径是游戏，本书精选了全世界经典的198个科学游戏，既简易好玩，用身边的材料和工具就可以让孩子做科学实验，又可以帮助孩子学习科学知识，激发孩子对科学的巨大兴趣，开阔孩子的眼界，培养孩子的实际动手能力。本书为每个游戏提供了详尽的说明和图解，启发孩子发现身边的科学现象，在游戏中走进科学。

图书在版编目（CIP）数据

我的第一本科学游戏书/郑大新编著. --2 版. --北京：中国纺织出版社，2015.8（2023.4重印）

ISBN 978 - 7 - 5180 - 1588 - 7

Ⅰ. ①我…　Ⅱ. ①郑…　Ⅲ. ①科学实验—少儿读物

Ⅳ. ①N33 - 49

中国版本图书馆 CIP 数据核字（2015）第 086925 号

责任编辑：胡　蓉　　特约编辑：魏焕威　　责任印制：储志伟

中国纺织出版社出版发行

地址：北京市朝阳区百子湾东里 A407 号楼　邮政编码：100124

销售电话：010—67004422　传真：010—87155801

http：//www. c-textilep. com

E-mail：faxing@ c-textilep. com

中国纺织出版社天猫旗舰店

官方微博 http：//weibo. com/2119887771

永清县晔盛亚胶印有限公司印刷　各地新华书店经销

2010年9月第1版　2015年8月第2版　2023年4月第2次印刷

开本：710×1000　1/16　印张：13

字数：110千字　定价：42.00元

科学，其实就在我们身边，你看到了吗？

当太阳还在地平线上挣扎的时候，也许你会奇怪，为什么太阳可以未见其身先见其光呢？这里有什么秘密吗？

当水里的鱼儿自由自在地游着的时候，你是不是会问一声，为什么鱼儿在水中不会淹死？为什么小兔子不可以在水里自由自在地行走呢？

当向日葵朝着太阳转动它的圆脑袋的时候，你有没有想过，为什么它总要跟着太阳走呢？

当水流分而复合的时候，你会摇动着小脑袋问上一句"为什么"吗？

当没装电池的小灯泡亮起来的时候，你会感到奇怪吗？

当平常吃的糖块燃烧起来的时候，你会吓一跳吗？

当美丽的花儿自己变了颜色时，你会好奇吗？

当小蜜蜂朝着它喜欢的花儿飞去的时候，你知道这是为什么吗？

当深山里回荡着你的声音的时候，你会以为有怪物要出现了吗？

当你的影像出现在相机里的时候，你知道这是为什么吗？

当水滴把书上的字变大的时候，你会惊讶地张大嘴巴吗？

其实科学真的并不遥远，不信，看看牛顿，苹果落地是多么自然，可是他从中发现了"万有引力"。

再看看爱因斯坦，当他拿着指南针玩耍的时候，他感觉到了一种力量，这种力量看不到、摸不着，可是却引导了他、成就了他。

　　科学启发人的智慧，不是等你长大后，而是从小就开始了的。游戏可以灌溉人的心灵，不是等你白发后，而是在你还是童颜的时候。细细地观察，认真地体会，谁说你不是下一个牛顿、下一个爱因斯坦、下一个爱迪生呢？

　　不要紧闭你那双好奇的大眼睛，细细地看，认真地想，在我们的身边有着太多平常的、看似简单却无法说清的现象，其实很有可能就有一个科学道理在里面呢！

　　本书自第1版刊印后，受到了广大小读者的热切喜爱。为了更好地满足小读者的需求，提供更精美的读物，我们特此出版第2版。该书在第1版内容的基础上，对篇目做了适当的调整，对某些材料的选取做了修订，以便更符合简易操作的要求，实验原理的解释精益求精，力求准确。书中精选了全世界经典的198个科学游戏，分为科学实验和科学游戏两个部分，故名99×2个科学游戏。赶快动手，用身边的材料和工具和爸爸妈妈一起做科学实验吧！希望你在实验游戏中不断产生对科学的巨大兴趣，开阔眼界。本书为每个科学游戏都提供了详尽的说明和图解，有助于小读者发现身边的科学现象，在游戏中走进科学。

编著者

2015年2月

目录
contents

三　力和运动

四　声音的奥秘

八 电与磁小·实验

九 宇宙和自然

巧取水中的硬币

实验目标

把少许水倒入盘中，放入一枚硬币。手既不许接触水，又不能把水倒出来，取出盘中的硬币。

实验材料

盘子、玻璃杯、硬币、纸片、火柴、水。

实验操作

用火柴将一张纸片点燃，放入玻璃杯中，把杯子倒放在盘子里硬币旁边。玻璃杯中的水逐渐上升，最后全部进入杯中，硬币就露出来了。

科学原理

当纸片燃烧时，部分被加热而膨胀的空气从杯中溢出。杯子倒放后，因缺氧导致火焰熄灭，杯中的气体冷却，因而压力下降，于是水面的压力就大于杯中的压力，将盘子中的水压进杯中。

注意事项

注意用火安全，8岁以下的儿童请在家长指导下进行实验。

小游戏

喷气快艇

当我们手头上有下面这些材料时，就可以做一只"喷气快艇"。这些材料是：金属小铁盒（扁罐头盒、金属肥皂盒均可）、空铁筒（或圆罐头盒）、两根铁丝、几节蜡烛头。

制作方法：先在空铁筒里装一些水，注意水量不得超过铁筒容量的三分之一。再把铁筒用一个盖或是别的东西堵死，不让里面的水流出来，然后在盖上钻一个小眼。用铁丝把铁筒固定在金属小铁盒上，在铁筒下面放两三节蜡烛头，点着蜡烛头以后，铁筒里的水过一会儿就会烧开，蒸汽就会从小眼里喷出来，推动小铁盒向另一个方向前进。于是，"喷气快艇"就做好了。

如果几个小朋友每人都做一只这样的喷气船，就可以展开一场比赛。当参加者的小船都开始喷气时，就可以把小船放进水里。等裁判一声令下，一撒手，小船就可以向前驶去。比比看，哪只船跑得最快。

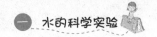

倒不出来的水

实验目标

让玻璃杯中的水倒不出来。

实验材料

玻璃杯、平塑料盖。

实验操作

把玻璃杯灌满水，用一个平塑料盖盖在上面。按紧盖，把杯子迅速倒转过来。把手拿开，塑料盖却贴在杯子上，从而挡住了杯中的水流出。

科学原理

在一个约 10 厘米高的杯子里，水对塑料盖每平方厘米产生的压力为 10 克力（因为 1 立方厘米的水的质量为 1 克）。而塑料盖外面的空气对每平方厘米的压力却达 1000 克力。它比水的重力大许多倍，因而死死顶住了塑料盖，既不让空气进入，也不让水流出。

 小游戏

肥皂小·赛艇

把火柴或羽毛杆的一端从中间劈开（劈开的长度约占总长度的1/4），在劈缝里嵌上一小块肥皂，一个"小赛艇"就做成了。把这个"小赛艇"放在水盆里，它就会自动地在水中快速行驶。

参加比赛的人，每人都准备数量相同的"小赛艇"，在裁判的统一口令下同时把"小赛艇"放进盆中（最好在一个大盆中进行；为了安全，不要到池塘边玩这个游戏），看谁的"小赛艇"行驶速度最慢，就给谁记1分，倒数第二名记2分……以此类推。第一批赛艇比赛完了，再进行第二批赛艇的比赛……最后一批比赛完后，谁的累计分最多，谁就是优胜者。这个游戏，还可以比谁的赛艇行驶的距离最远，谁就为优胜者。

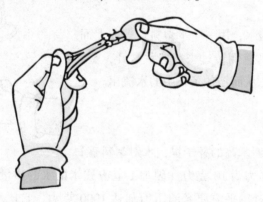

"小赛艇"之所以能在水中行驶，是因为镶在火柴上的肥皂在水里逐渐溶解，不断破坏火柴后面水的表面张力，而火柴前面水的表面张力没有被破坏，所以火柴后面的水分子被火柴前面的水分子拉向前去，"赛艇"就前进了。注意，当盆中水的表面张力都被肥皂水破坏以后，"赛艇"就不会前进了，这时就需要及时换水。

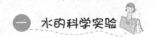

浸不湿的手帕

实验目标

让一块放在水里的手帕不被水浸湿。

实验材料

手帕、玻璃杯。

实验操作

把一块手帕紧紧塞在一个玻璃杯底部，然后把杯子倒过来口朝下放入水中，而手帕却没有湿。

科学原理

倒过来的杯子里仍然有空气，空气阻挡水进入杯中。杯底部的手帕接触不到水，自然不会湿了。

小游戏

有趣的磁力船

你听说过磁力船吗？听起来似乎很神秘。磁力船确实有吸引人的神秘之处，因为至今还没有一艘有实用价值的磁力船在航线上航行呢！不过，20世纪初，在阿姆斯特丹曾经展出过一只小船，里面没有任何动力装置或推进系统，也没有线牵引它，可它能在水池里不停地转圈，令参观者感到惊讶万分——是什么力量使这只小船不停地转动呢？其实道理很简单，这只船是用铁做的，而小船游动的水池子下面有一个放在大平底盘子里的强磁铁。这个大盘子用一个电动机带动，慢慢地转动着，小船就跟着磁铁移动的路线游动。

现在，我们也可以玩这个小游戏了。找一块软质的木材，削几只不超过4厘米长的小船，在每条小船背面钉进一根2.5厘米长的铁钉；船上面打个小孔，插进一根火柴，再折一个纸三角做"帆"，小船就做好了。

把做好的小船放进一个脸盆里，慢慢移动脸盆下面的强磁铁（可用耳机、广播喇叭里的磁铁代替），小船就可以在你的"导航"下自由航行了。

如果几个小朋友各拿一块磁铁来指挥自己的小船，就可以进行各种有趣的"海战"游戏。

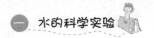

漂在水上的针

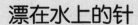

实验目标

使金属制的针浮在水面上。

实验材料

玻璃杯、水、针、镊子。

实验操作

首先在杯子里倒一些清水，然后用镊子轻轻地把一根针放到水的表面，慢慢地移走镊子，针就会浮在水面上。

科学原理

由于水的表面张力作用，针没有沉下去。表面张力是水分子形成的内聚性的连接。这种内聚性的连接是由于某一部分的分子被吸引到一起，分子间

相互挤压，分子之间的引力大于斥力，形成一层"薄膜"。这层"薄膜"被称为表面张力，它可以托住原本应该沉下的物体。

注意事项

针是危险物品，操作时家长要在旁协助。

上下浮动的软塑料瓶

你可以让水里的软塑料瓶依照你的要求上下浮动吗？下面我们就来做一个小游戏，可以让水中的软塑料瓶乖乖地听你的话。

首先，在软塑料眼药水瓶中装一点水，放进水杯里，让眼药水瓶保持接近水面的位置。然后准备一个装满水的大可乐瓶，将眼药水瓶放到里面。你一边喊着"沉下去"，一边用手挤压大可乐瓶，这时就会看到眼药水瓶很听话地沉了下去。你再喊"浮起来"，同时将挤压大可乐瓶的手松开，就会发现眼药水瓶又很听话地浮了起来。现在你就可以变魔术给爸爸妈妈和朋友观看了，当然你也可以告诉你的朋友如何控制软塑料瓶，然后比比看软塑料瓶更听谁的话。

有没有想过为什么你可以如此轻松地控制软塑料瓶呢？道理其实很简单：当你用手挤压大可乐瓶时，压力透过水传到眼药水瓶上，眼药水瓶里的空气体积就会缩小，浮力减小，所以就沉下去了；当你将手松开的时候，眼药水瓶的体积又恢复原状，所以就浮起来了。根据阿基米德原理，物体在水中浮力的大小等于物体所排开水的重量。

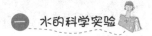

简易喷泉

 实验目标

用可乐瓶制成简易的喷泉。

实验材料

可乐瓶、吸管、水、面巾纸。

实验操作

首先，往大可乐瓶里装入 3/4 的水，将一根吸管插入水中，另一根吸管也插入瓶里，但是不要碰到水，第二根吸管最好是弯曲的。然后，用浸湿了的面巾纸塞住瓶口，用来固定住吸管。注意不要留下空隙，可乐瓶要呈密闭状态。最后，用力吹那根没有接触到水的吸管，这时会看到，水像喷泉一样从另一根吸管中喷出来。这样，一个简易的喷泉就制成了。

科学原理

吹气后，瓶内水面上的气压增高，水被挤入另一根吸管，当作用力足够大时，水就会从另一根吸管中喷出来，就像喷泉一样。

 **小游戏** ▬▬▬▬▬▬▬▬▬▬▬

瓶里面的喷泉

你已经可以制造出简易的喷泉了，可是你可以制作出可乐瓶里的喷泉吗？下面我们就来看看怎么做不一样的喷泉吧。

首先，准备一根长吸管和一根短吸管，在长吸管的一端用橡皮筋扎紧，使吸管口变小。然后，在大可乐瓶中装半瓶水，用浸湿的面巾纸塞住瓶口，再将两根吸管插入大可乐瓶中，注意短吸管只要穿透瓶塞，长吸管要刚到水面但是不能插到水里面；大可乐瓶的瓶口要密闭。最后，拿一个杯子装满水，将大可乐瓶口朝下放置，把长吸管插入水杯中。这时，就会看到短吸管开始滴水，与此同时大可乐瓶中还会看到喷泉。短吸管不断地滴水，使瓶子里的空间不断增大，气压也跟着下降。这个时候，外面的大气压就会通过长吸管把杯子中的水挤进瓶子里，所以长吸管中就会出现喷泉了。

小朋友在一起玩过家家的时候，可以制造一个这样的喷泉来装饰自己的"家"。

神秘的肥皂泡

实验目标

让铁丝制成的立方体蘸上肥皂水，形成平面组合。

实验材料

铁丝、肥皂、水、盆。

实验操作

首先，用铁丝做成一个立方体，可以多做一个把手，以方便观看。然后，用肥皂调成肥皂水。最后，将铁丝立方体浸入肥皂水中再拿起来，就会看到，附着在铁丝立方体上的肥皂泡形成了平面组合。而且只要扭动立方体或者铁丝框架发生变化，平面组合也会跟着变。

科学原理

当肥皂泡附着在铁丝表面时，为了尽量减少能量的消耗，薄膜的面积会尽量缩小，也就是能量消耗最少的时候，面积最小。

注意事项

铁丝制成的立方体可以购买，但是如果儿童自己制作的话，家长一定要在一旁协助，以免割破手指。

牙签独木舟

当几个小朋友聚在一起玩耍而且正好有以下材料：洗发香波、牙签、一盆水，那么就可以做一个有趣的小游戏了。

在牙签的一端蘸上一点洗发香波，然后将牙签轻轻放在水面上，牙签独木舟就会朝着没有蘸洗发香波的那一端的方向前进。小朋友们可以来个比赛，看看谁的牙签独木舟跑得最快。

牙签独木舟之所以能自己在水中跑，其秘密就在洗发香波上。原来，洗发香波里含有称为"表面活性剂"的化学成分，这类物质不但能够清除污垢，还能减弱水的表面张力。所以，牙签放在水面上后，蘸了香波那端附近的水面的表面张力就会减弱，牙签就会被前方水面较强的表面张力牵引着向前走。但是，牙签游过一圈之后，必须把水搅一搅才能玩下一轮。

玻璃上的美丽冰花

实验目标

使玻璃上绽放美丽的冰花。

实验材料

一杯热水、一块玻璃、一台冰箱。

实验操作

首先，将玻璃放在热水杯上，直到玻璃片上沾上水汽。然后，马上将玻璃放入冰箱的冷冻室里面。等几分钟后，把玻璃拿出来，就可以看到玻璃上结了一层冰，好像绽开的花朵一样美丽。

科学原理

玻璃放在热水杯上，杯中的水汽就会附着在玻璃上，再把玻璃放入冰箱，这时玻璃上的水汽遇冷就会形成冰。

注意事项

玻璃是危险物品，做这个小实验一定要有家长在旁边监护。

 小游戏

结冰比赛

现在的你已经可以让玻璃上绽放冰花了，那么接下来就来做一个小游戏，看看哪一个是赢家。

游戏是这样的：准备两个纸杯及冷水、热水。在两个纸杯中分别加入同样多的水，一个杯子里是热水，另一个杯子里是冷水，然后将两个杯子同时放进冰箱的冷冻室里，一定要记住哪个杯子里面是冷水，哪个杯子里面是热水。过一段时间后，将两个水杯从冰箱中拿出来，你就会发现装热水的杯子里面是一整块冰，而装冷水的杯子里却有很多的碎冰块。现在你知道哪个是结冰比赛的赢家了吧！热水比冷水结冰更快。做完这个小游戏你是不是想着下次要是自己冻冰激凌就用热水呢？

水滴放大镜

实验目标

水滴可以作为放大镜。

实验材料

水、一小块玻璃、一张有字的纸。

实验操作

首先，把玻璃擦干净，放在有字的纸上面，透过玻璃看纸上的字，记下字的大小。然后，在玻璃上滴一滴水，透过水看纸上的字，就会发现透过水滴看纸上的字比直接透过玻璃看纸上的字要大了很多呢。

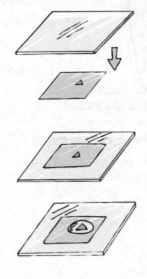

科学原理

水滴在玻璃上，因为表面张力的作用，会形成表面突起的平面凸透镜，并且和真正的凸透镜具有相同的功能，也具有放大的作用。

注意事项

玻璃是危险品，做这个小实验时家长要格外关注。

自动改变的箭头

小朋友，如果你现在手里有一张白色卡通纸片、一支彩色笔、一个透明的水杯及水，那么你就可以做一个很有趣的小游戏了。

首先，在卡通纸片上画一个指向右的粗箭头。然后，在玻璃杯中倒半杯水，接着把画了箭头的卡通纸片放在水杯后面，现在你就会发现箭头变了方向，指向了左边。怎么样，很奇怪吧！其实秘密就在杯子和水上，原来杯子和水就像是凸透镜一样，光线经过折射后，只有经过光心的光线没有改变方向，其他位置的光线都改变了方向，所以我们就会看到水中的箭头改变了方向。

冰块融化后

实验目标

冰块融化后水不会溢出来。

实验材料

一块冰块、杯子、托盘、水。

实验操作

首先，在托盘上放一个空杯子，在空杯子中放一块冰。然后，往杯中倒满水，要让冰块的一大部分高出水面。等冰块融化后就会发现水并不会溢出来。

科学原理

水结冰时密度会变小，体积会增大9%。浮在水面上的冰块融化后密度变大了，体积又变小了，所以水不会溢出来。

17

小游戏

"钓" 冰块

你肯定知道"钓鱼"，也听说过钓鱼比赛，但是你听说过"钓"冰块吗？现在我们就来玩一个新鲜的小游戏——"钓"冰块比赛。

首先，我们要找一支铅笔、一根细线、一些食盐、一个玻璃杯、一些清水、几块小冰块。将冰块放到盛着水的玻璃杯中，然后将线的一端绑在铅笔上，另一端垂到冰块上，再在冰块上撒少量食盐，就会发现线头会冻在冰块上，这时我们就可以将冰块钓上来了。小朋友可以一起比比看，看谁最快将冰块钓上来，说说冰块为什么会被钓上来。秘密在这儿呢：食盐使冰块融化，冰块融化时需要热量，所以冰块表面没有沾到盐粒的地方的热量就被摄走了，因而这里的水就会立即重新结冰，同时也把上面的线头冻在了冰块上，于是我们才可以把冰块钓上来。你能得第一了吗？

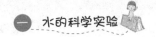
漂在水上的火焰

 实验目标

水火是可以相容的。

实验材料

一根蜡烛、一枚硬币、一个玻璃罐、火柴和水。

实验操作

首先把蜡烛粘在硬币上，然后把蜡烛连同硬币一起放在玻璃罐里，接着就往玻璃罐中加水，一直加到和蜡烛同样高的时候，再用火柴把蜡烛点燃。我们就会看到蜡烛竟然在水里燃烧，就好像水中漂着火焰一样。

科学原理

蜡的密度小于水，当蜡烛燃烧后会流下蜡油，蜡油不溶于水而漂在水面上不下沉，所以蜡烛的四周就会逐渐形成一道围篱似的防水层，这样灯芯自然不会浸湿，也就出现了蜡烛在水上燃烧的奇观了。

注意事项

给蜡烛点火具有一定的危险性，所以小朋友在做这个实验的时候，家长一定要在一旁协助。

美丽的彩虹

雨后的天空会出现美丽的彩虹，相信小朋友都很喜欢吧，如果我们可以自己制作彩虹，这将是一件多么令人高兴的事呀！下面就赶紧准备一下，彩虹就要出现在我们的手中喽！

首先，我们要准备一个透明玻璃杯、一些葡萄汁、一些肥皂水、一些清水、一些食用油、一些酒精，还有五个纸杯。然后，我们把葡萄汁、肥皂水、清水、食用油、酒精分别倒进五个纸杯中，一定要等量哟。将它们倒入玻璃杯中，先倒入葡萄汁，再倒入肥皂水，再倒入清水，再倒入食用油，最后倒入酒精。

由于各种液体密度不同，很快你就会看到各种液体在玻璃杯中形成了多个层次，就像美丽的彩虹一样。这个"彩虹"有些不稳定，会变化形状的哟。

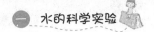

流水不流

实验目标

水没有从倒置的玻璃瓶中流出来。

实验材料

清水、玻璃瓶、橡皮筋、过滤网。

实验操作

首先把玻璃瓶去掉瓶盖，把清水倒进玻璃瓶里，一定要把玻璃瓶装满，然后用过滤网封住瓶口，用橡皮筋扎紧，最后迅速把玻璃瓶倒置过来，结果水竟然没有流出来。

科学原理

由于瓶子里灌满了水，空气被完全挤了出来，瓶口外面的气压就会向上挤压，这样就阻止了水的流出。

小游戏

不会湿的玩具

小朋友，你有很多玩具吗？你知道怎么让这些小玩具放在水里却不会湿吗？

首先，我们准备一个小玩具、一张白纸、一把剪刀、一个透明的玻璃容

器，当然还得有一个透明的玻璃杯。接下来，我们将空玻璃杯扣在白纸上，然后用剪刀沿着玻璃杯的外缘剪下一块圆形白纸，将小玩具贴在剪好的圆形白纸上，再把圆纸放在装有水的玻璃容器中，用玻璃杯将小玩具轻轻扣住，然后垂直将小玩具压入水底（注意纸片与玻璃杯已经一起将小玩具保护在一个封闭的空间里

了），结果你会看到小玩具没有湿，水也没有透过纸片进入水杯。你是不是很好奇呢？其实这是因为玻璃杯内的空气气压挡住了容器中水流的进入，尽管玻璃杯沉入了水中，可是藏在玻璃杯内的小玩具依旧很安全。那么现在小朋友们可以来比试一下，看看谁的玩具不会被水浸湿。

注意：使用剪刀有一定的危险性，所以小朋友一定要小心，最好有家长在一旁协助。

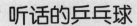

听话的乒乓球

实验目标

乒乓球在水流直冲下不会被冲走。

实验材料

可以流水的水龙头、乒乓球、大盆。

实验操作

首先将大盆放在水龙头下面（这样做可以节约用水），然后打开水龙头，将乒乓球放在水流的正下方，你就会看到乒乓球会轻轻地晃动，但是却不会被水冲跑，如果稍微把水龙头转动一下，就会看到乒乓球会跟着水流跑，坚强的乒乓球始终不会离开水龙头。

科学原理

水流动时，会与周围的空气产生摩擦，水柱表面的水流速度会因此减缓；越是接近水柱中心，流速越快，而流速越快的地方压力就越低，处于水流中的物体就会自动向低压中心移动，就好像是被吸引到中心一样。而当水龙头被稍稍移动后，水流中心也就移动了，乒乓球就会跟着水流中心移动，就会看到乒乓球跟着水龙头跑了。

气球潜艇

你知道吗，气球也可以当潜艇用，是不是很神奇？那么就让我们来看看气球是怎么变成潜艇的吧！

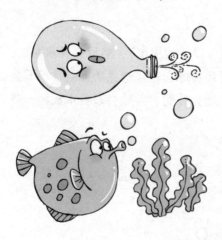

首先，我们要找来一只气球、一个瓶盖、一把剪刀、一个大盆，还有一些清水。然后我们给气球灌水，一直灌到气球呈现半透明状态。接着我们用剪刀在瓶盖上钻一个小孔，然后把瓶盖固定在气球口处，使水能通过瓶盖上的小孔流出。最后我们把气球放在水中，这时我们就会看到放在水中的气球在水中慢慢地前进，就像是个小潜艇一样。小朋友们可以来比一比，看看谁的气球潜艇跑得最快。气球之所以会变潜艇是因为装上水的气球不会浮出水面也不会沉下去，而气球内的水会从瓶盖的小孔中喷出而形成反冲力，气球正是靠着这股反冲力而前进的。

注意：这个小游戏需要用剪刀，所以在小朋友做这个小游戏的时候家长一定要在一旁监督，还可以顺便做个裁判。

给水打个结

实验目标

使 5 股水流汇合在一起，好像打了个结。

实验材料

一个 1000 毫升容量的铁桶、一个尖铁锥。

实验操作

首先用铁锥在铁桶底部并排钻 5 个直径大约 2 毫米的小孔，然后把铁桶放在水龙头下方，打开水龙头，让水从 5 个小孔里流出来，用手指在 5 个小孔上滑过，就会看到 5 股水流汇合在了一起，就像打了个结一样。

科学原理

水分子是相互吸引的，并因此在内部产生一种使液体表面收缩的张力，水容易改变形状。当手指滑过小孔时，向下的水流受到手指的扰动，改变了流动的方向，就会顺着手指的方向流动，5股水流相继发生螺旋式扭曲，看起来像打了结一样。

注意事项

用铁锥给铁桶钻小孔的时候，一定要有家长在旁协助，以免刺破手。

自动灌溉

很多人的家中都会种植些小植物，但当时间久了新鲜感逐渐退去时，就会有好多的植物因为主人的遗忘而饥渴至死。现在我们来设计一个"自动灌溉"系统吧，这样就不用担心因为没有天天浇花，而把花儿渴坏了！

首先我们要找一个葡萄酒瓶，然后将葡萄酒瓶内装满清水，用手捂住瓶口，接着猛然反过来，口朝下插在花盆中，这样瓶中的水就够这盆植物喝上好几天了！聪明的你还不赶紧动起手来！

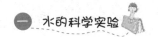

用水点火

 实验目标

用水将火柴点燃。

实验材料

水、一些火柴、一张小纸板、一个无色透明的烧瓶。

实验操作

首先在烧瓶内装满水，放在太阳光下，使阳光透过烧瓶；然后把纸板放在烧瓶后面，移动纸板，使阳光在它上面汇聚出最清晰的亮点；接着将火柴头放在亮点处，不要移动烧瓶。等一会儿，就会看到火柴自己燃烧起来了。

科学原理

装了水的烧瓶相当于一个凸透镜，凸透镜的聚光作用使温度上升并最终将火柴点燃。

注意事项

本实验要有家长在旁协助，注意不要烧到手或引起火灾。

 **小游戏**

纸杯烧开水

小朋友们平常看到爸爸妈妈用铁壶或者铜壶烧开水，有没有看到过用纸杯烧开水的呢？不要以为这是不可能的，其实纸杯也可以烧开水的。

首先我们要准备一支蜡烛、一把钳子、一盒火柴、一个质地较硬的纸杯，当然不能少了水。然后我们就开始用纸杯烧开水喽：先在一个平台上用火柴把蜡烛点着，然后用镊子夹着装着水的纸杯，悬在火焰的正上方，就这样一直等到水被烧开。由于需要一定的时间，你可能会觉得累，但这正是锻炼你毅力的时候哟，更何况还可以让爸爸妈妈为你鼓掌呢！你也一定很担心纸杯会被烧坏吧，不用担心，由于纸杯中的水沸腾时将大量的热量都吸走了，而且水的沸点是100度，温度低于纸杯的燃点（纸杯燃烧的温度点），所以纸杯始终无法达到它的燃点，也就不会被烧坏了！

注意：本游戏有火和热水，注意实验操作安全，千万不要被烧伤或烫伤呀！

会"走"的杯子

实验目标

杯子自己可以在玻璃板上走。

实验材料

一个玻璃杯、一支蜡烛、一块玻璃板、几本书、火柴、水。

实验操作

首先把玻璃板放在水里浸一下；然后把玻璃板一头放在桌子上，另一头用几本书垫起来，大约垫5厘米；接着拿一个玻璃杯，杯口沾些水，倒扣在玻璃板上；最后用火柴把蜡烛点着去烧杯子底部，这时就会看到玻璃杯自己开始缓缓地向下走。

科学原理

当蜡烛烧杯底时，杯内的空气慢慢受热膨胀，往外挤，但是杯口倒扣着

而且又有一层水将杯口封闭，所以热空气跑不出来，就只能把杯子顶起来一点。在自身重力的作用下，杯子就会自己向下滑。

注意事项

由于有玻璃等危险品并且还有火，所以小朋友做这个实验时要有家长在旁边。

 小游戏

会动的纸蛇

小朋友们，你们肯定用纸折过很多动物吧，下面我们就来折一条小蛇，你可一定要小心啊，这可是条会动的蛇哟。

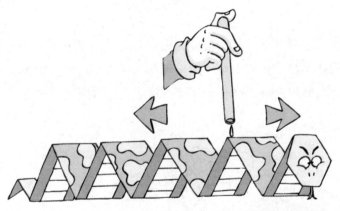

首先我们准备一根吸管、一个杯子、一张白纸、一把小剪刀，还有很重要的材料——水，然后就开始制作喽。首先用剪刀把白纸剪成纸条，将纸条的前端折成蛇头形，后端要剪细一点，使纸条看起来像条蛇的样子。然后从纸蛇的颈部开始折叠，每隔1.5厘米折叠一下，要来回折叠，把纸条折成蛇的形状。再在杯子里装进半杯清水，把吸管伸进水中一点点，用手指按住吸管顶端的管口，把吸管从水中拿出来放在纸蛇的上方，紧接着慢慢放开压住吸管的手指，让吸管的水滴落到纸蛇上面，要把纸蛇淋湿，现在就会发现纸蛇开始自己伸展，还"走"起来了，就像纸蛇自己在爬行一样。

不湿手的水

实验目标

将手往水里蘸一下，手不会湿。

实验材料

一杯水、一袋胡椒粉。

实验操作

首先在装满水的杯子里撒上胡椒粉，使水面完全被胡椒粉盖住，然后用手指快速地碰一下水面，你会发现自己的手指是干的。

科学原理

水面上撒上胡椒粉后，胡椒粉就会增强水的表面张力，水分子因此紧紧地在一起，在水面上形成了一层水膜，所以你的手指没有湿。

注意事项

注意不要把胡椒粉弄入眼睛里，如果不小心胡椒粉进了眼睛里，要立即用清水冲洗干净。

可以划动的小船

小朋友可以准备以下材料：一把剪刀、一块纸板、一根橡皮筋、一盆水。然后，就来做个小游戏吧。

首先剪一个大约12厘米长、8厘米宽的硬纸板，将纸板的一端剪成尖形的船头，另一端中央剪下大约5厘米的缺口。然后再剪一块宽3厘米、长5厘米的纸板做船桨。将橡皮筋套在船尾处，并且将船桨绑好，将船桨向后转动数圈，把小船放到水面然后松开手，小船就会向前移动。如果将船桨反向转紧，小船就会向后移动了。怎么样，很神奇吧？小朋友们赶紧来比赛吧，看小船更听谁的话！

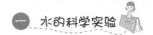

蒸汽托起小水滴

实验目标

小水滴浮在锅底。

实验材料

一个平底锅、一些清水。

实验操作

首先，把平底锅放在火上加热，等到平底锅热了以后，再向锅里滴几滴水，就会看到在水滴蒸发前，水滴会一直漂浮在锅底，而且还不停地滚动。

科学原理

水滴接触到热的平底锅，底部的水就开始蒸发，压力过大的蒸汽就会将

小水滴托起来，这样小水滴就不能落在锅底了。

由于这个小实验需要给平底锅加热，所以小朋友在做这个实验时，家长要在一旁协助。

玻璃上的小水珠

在银装素裹的冬季，除了美丽的雪花，还有美丽的窗花。相信小朋友们也很喜欢窗花吧，但是窗花不是每天都有的哦。在冬季，我们就可以来做个小游戏，看看水蒸气给我们带来一个什么样的惊喜！

首先将我们的手指并拢，把手掌贴在玻璃窗上，嘴里默默地记着时间，大概一分钟后把手收回来，这个时候我们就会发现在手掌心与玻璃接触的旁边的位置出现了小水珠，就像美丽的窗花一样。原来，手的温度高于玻璃的温度，所以手周围的空气就比较热，由于蒸腾作用，皮肤不断地在玻璃上排出水分，所以手附近的空气中就包含着一定数量的水蒸气，而水蒸气与冷玻璃接触发生冷凝，就会结成小水滴。

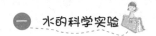

不沉底的鸡蛋

实验目标

鸡蛋在饱和盐水中不会沉底。

实验材料

杯子、一些盐、汤匙、一个鸡蛋、清水。

实验操作

首先将清水倒入杯子中，然后往杯子里加盐，并不停地用汤匙搅拌，一直到加进去的盐无法再溶化。然后顺着杯壁慢慢地往杯子里倒一点清水，要让清水在盐水之上，接着再轻轻地将鸡蛋放进杯子里。接下来，就会看到鸡蛋浮在水的中央，不会沉下去。

科学原理

饱和盐水的密度很大，它所产生的浮力足以使鸡蛋浮起来。

小游戏

可爱的浮水印

小朋友们平常看到人们用各种各样的笔画画，那么除了笔以外还可以用其他的东西画画吗？现在我们就来做一个小游戏，看看这幅可爱的水墨画在没有笔的情况下是怎样画出来的？

首先找来一瓶墨水、一根棉签、一根筷子、一张宣纸以及半盆水。然后用蘸了墨水的筷子轻轻地碰触盆里的水面，就会看到墨水在水面上扩展成了一个圆形。接着拿棉签在头皮上摩擦几下，然后轻轻地碰墨水圆形图案的圆心，就看到墨水扩展成了一个不规则的圆圈，我们把宣纸轻轻盖在水面上，再缓缓地拿起，就能看到宣纸上印上了一个不规则的圆圈。

墨水碰触水面，因水的表面张力可扩展成圆形。摩擦头皮的棉签上有油，影响水分子之间的吸引力，墨水形成不规则的圆。又由于毛细现象，墨水与水被吸附在宣纸上，就能形成浮水印。

小水滴走钢索

实验目标

让水滴从钢索上走过去。

实验材料

一块肥皂、一根细线、一卷胶带、两个玻璃杯、一些清水。

实验操作

首先用肥皂把细线擦一遍，在一个杯子中倒入半杯水。用胶带把细线的两端固定在两个杯子的内侧，距离杯口 2～3 厘米。然后拿起装水的杯子，使它与另一个杯子形成一定的坡度，最后轻轻地拉紧细线，往外倒水。就会看到水滴从线上一滴滴地走到另一个杯子里。

科学原理

用肥皂擦过的细线能够改变从上面流过的水的表面张力，这样增加了水和线之间的吸引力，而这种表面张力又使水变成圆形水滴从细线上流过。

分而复合的冰块

分开的冰块可以再次复合，你相信吗？下面我们就找一根50厘米长的细铁丝、两块砖、一块大冰块和一个碟子，来看一下，冰块是如何分而复合的吧！

首先把细铁丝的两端分别绑在两块砖上，一定要绑紧哟！然后把冰块放在碟子上，再把绑着砖块的铁丝横放在冰块上。就会看到，只几秒钟，铁丝就开始慢慢切进冰块，但是当铁丝将冰块割透时，上面的冰块又重新冻在一起了。

这是为什么呢？原来铁丝在冰块上的压力使冰的熔点降低，所以铁丝下面的冰块就会融化。而当铁丝在冰块上的压力消失时，融化的水因周围温度低，便再次结冰。

水往高处爬

实验目标

碗里的水爬到了杯子里。

实验材料

一个玻璃杯、一个装满水的碗、两张纸巾。

实验操作

首先把玻璃杯和碗并排放在一起，然后把两张纸巾紧紧地卷在一起，搓成绳索状。将做好的绳索的一端放在杯子里，另一端放在装满水的碗里。不一会儿就会看到碗里的水顺着纸绳索渗透到杯子里。

科学原理

纸巾的纤维之间有很多小小的空隙，将绳索状的纸巾放到碗里时，碗里

的水就会进入这些空隙，并沿着纸绳索慢慢地由下向上移动，这种移动现象就叫作毛细作用。

美丽的泡泡

在阳光下，我们可以吹出七彩的泡泡哟！

首先，我们找来一根塑料管、一个小瓶子、一些洗衣粉和一些水。然后把洗衣粉放到小瓶子里，注意洗衣粉加入适量即可，往里面放水，用塑料管搅拌均匀。塑料管的一头蘸上洗衣粉水，吹塑料管的另一头，就会出现小泡泡。在阳光照射下，小泡泡会变成五颜六色的，非常漂亮。小朋友们赶紧来比赛吧，看看谁吹的泡泡大。

注意：吹泡泡时，塑料管从水里拿出来的那一端一定要沾有水滴。

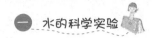

不会沸腾的水

实验目标

持续加热的水却总也不沸腾。

实验材料

电炉、锅、玻璃杯、水。

实验操作

首先，在锅里放入适量的水，再把玻璃杯放入锅里，接着在玻璃杯里灌入水，注意要使玻璃杯里水的高度与锅里水的高度相同。然后，把锅放在电炉上加热，过了一会儿，锅里的水已经沸腾起来了，但是杯里的水却没有沸腾，继续加热也不见它沸腾。

科学原理

锅里的水温度上升较快，杯子里的水因为有杯子的阻隔，温度上升得慢，所以当锅里的水沸腾时杯子里的水没有沸腾。当锅里的水沸腾后，热量就用于把水变成水蒸气了，所以杯子里的水总也不会沸腾。

注意事项

做这个实验时家长要在一旁协助。

开水里游泳的小鱼

小朋友们知道吗，鱼儿在开水中也可以自由地游动呢！现在我们就来看看，鱼儿是如何畅游于开水中的吧。

首先我们要准备一条活蹦乱跳的小鱼、一支试管、一个试管夹、一支蜡烛、一盒火柴和一些水。然后我们在试管里注入九分满的水，把小鱼放进试管里，接着我们就用试管夹夹住试管，以口朝上的方式倾斜。再把蜡烛点着，加热试管上方的水，过了一会儿我们就看到试管里的水已经开了，甚至看到了水蒸气，但是试管底部的小鱼依旧在自由自在地游着！小鱼为什么会这么坚强呢？原来水在加热后往上升，却不会往下流，所以尽管试管上方的水已经沸腾了，可是下方的水却没有受到影响，所以小鱼才可以继续畅游啊！

注意：小朋友做这个实验一定要在家长或者老师的协助下完成，以免被烫伤。

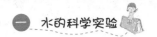

调皮的软木塞

实验目标

软木塞不会老实地待在杯子边上。

实验材料

一杯水、一块软木塞。

实验操作

首先把满杯的水倒掉一些，在水面上轻轻地放上一块软木塞，尽量把软木塞送到杯子边上，但软木塞非常不听话，不管你怎么拉它，它总是要回到杯子当中去。

科学原理

软木塞之所以这么调皮，是因为水的表面张力和水与玻璃杯之间的吸引力在跟软木塞对抗呢。吸引力使得靠近杯壁的水面高一些，而水面的最低处

在中心位置，所以软木塞千方百计地要回到杯子当中。

 小游戏

可怕的"流沙河"

小朋友们还记得流沙河吗？就是《西游记》中沙僧待过的地方，那可是"鹅毛飘不起，芦花定底沉"啊！现在我们也来做个小游戏，看看"流沙河"到底有多可怕！

首先，要准备好一张蜡纸、一大碗水、一颗纽扣，还有一些清洁剂。然后，我们将蜡纸平放在水面上，把纽扣放在蜡纸上，然后不断地向水里滴清洁剂。过一会儿我们就会看到，蜡纸和纽扣在慢慢地沉入水底。这是为什么呢？原来，蜡纸表面的油像鹅毛一样可以防水，但是清洁剂滴入后分解了蜡纸表面的油脂，使水附着在蜡纸上，蜡纸的重量加重，就沉入碗底了！

消失的颜色

实验目标

蓝墨水从漏斗中流下来后，变成了无色的清水。

实验材料

一个塑料的眼药水瓶、一把小刀、一个水杯、一个吸管、一个研钵、一根研磨棒、少量木炭和蓝墨水、适量的清水。

实验操作

首先在研钵中用研磨棒将木炭研磨成粉末，然后用小刀将眼药水瓶的瓶底切开，从底部装入木炭粉末，压实，眼药水瓶底朝上口朝下，成了一个小漏斗。用水杯装少量清水，滴入几滴蓝墨水拌匀。最后用吸管将稀释了的蓝墨水吸出来，滴入刚刚制成的小漏斗里面，就会看到从小漏斗里面流出来的液体是无色的清水。

科学原理

木炭具有很强的吸附能力，能将液体里面的色素吸附，也能吸附有害气体。被稀释了的蓝墨水经过装有木炭粉末的小漏斗，木炭将其中的色素过滤掉，所以蓝墨水就变成了无色清水。

注意事项

这个实验需要家长在一旁协助。

会翻身的鸡蛋

小朋友们见过会翻身的鸡蛋吗？现在就来做一个小游戏，看看鸡蛋是怎么翻身的吧。

首先找来两个杯子和一个鸡蛋。然后将两个杯子并排放在面前，一个离自己近一点，一个离得远一点。在近一点的杯子里放一个鸡蛋，深深吸一口气，垂直对着有鸡蛋的杯子边缘使劲吹气，鸡蛋就会跳起来，一下子翻身跌到后边的杯子里。小朋友们不妨来个小小的比赛，看谁最先把鸡蛋吹翻了身。小朋友们可以放心地比赛，不要以为鸡蛋永远不会翻身，其实，只要你用的力是对的，鸡蛋就一定会翻身的。因为鸡蛋表面大多是粗糙的，杯口也不是特别圆，总会留有空隙，气流可以通过这个空隙进入鸡蛋底下的空间，气流将在那里压缩，如果其张力足够大的话，那么鸡蛋就会像气垫船一样漂浮起来了。

自己制造彩虹

实验目标

让白纸上出现彩虹。

实验材料

装满水的脸盆、镜子、白纸。

实验操作

首先，靠着盆壁放一面镜子，使镜子朝着太阳。然后，拿出白纸，让阳光反射到白纸上。调整镜子和白纸的位置，我们就能看到白纸上出现了美丽的彩虹。

科学原理

　　阳光是由许多波长不同的光组成的。而波长不同的光在水中的折射率也是不同的，因此从水中镜子上反射的太阳光线透出水面后，就会分散开来，在白纸上排列出彩色的光谱，看上去就像彩虹一样。

神奇的变色球

　　普通的小球也是可以变色的，小朋友猜猜看是怎么回事呢！别急，我们来做一个小游戏就会知道这是怎么回事了。

　　我们找来蓝、红、绿小球各一个，没有盖子的纸盒子，还有8张红色的玻璃纸。将不同颜色的小球放进纸盒子里，再把8张玻璃纸叠在一起作为纸盒子的盖盖在上面，透过玻璃纸朝里面看，你会发现原来的蓝、红、绿三个小球都不见了，里面只有一个白球和两个黑球。

　　是谁把小球给换了呢？原来是红色玻璃纸在搞鬼！红色的玻璃纸将太阳光中其他颜色的光线都给滤去了，只剩下红光，当红光投射到红球上时，光线反射回来，人眼中的视锥细胞对红色光会感到疲劳，降低了分辨红色光的能力，红色信号传到大脑没有反应，因而红球看起来就是白色的了；而当红光投射到蓝球和绿球上时几乎全被吸收了，看起来就是黑色的了。

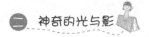

流动的光

实验目标

光线可以像水一样被倒出来。

实验材料

一个脸盆、一把锤子、一颗钉子、一个手电筒、一个矿泉水瓶、一块橡皮泥、几张报纸。

实验操作

首先用锤子和钉子在矿泉水瓶盖上钻个大洞，在瓶底钻一个小洞。然后用橡皮泥把瓶底的洞封住，向瓶里装水，大约装到瓶子的 3/4 处即可，再把盖子盖好。用报纸把矿泉水瓶和手电筒按图示卷好，手电筒放在矿泉水瓶的底部。进入一间黑屋子，把手电筒打开，使光线透过瓶子，然后去掉橡皮泥，将水倒进盆里，就会看到光线和水一起从瓶口的小洞流了出来。

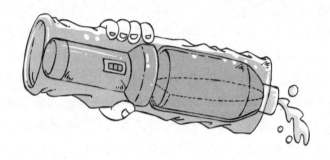

科学原理

光线是沿直线传播的，但是也有例外的时候。在这个小游戏里，我们把光和水合在一起，光就会被水流不定向地反射，因此，光线也不沿直线传播了，而是沿着水流方向做曲线运动了。

注意事项

这个小实验需要用锤子和钉子来钻孔，所以小朋友在做这个实验的时候要有家长在一旁协助。

 小游戏

变色水

小朋友，如果现在你们面前有这些材料的话，那么你就可以给你的小伙伴们施展一下神奇的魔法了。这些材料是：一个没有花纹图案的玻璃杯、一盏台灯、一些红墨水或者红药水，还有一些清水。

首先，我们要往玻璃杯里注入半杯清水，然后往杯子中滴几滴红墨水或者红药水。接下来打开台灯，手拿玻璃杯对着台灯观看，就会看到玻璃杯里面的水是粉红色的，之后我们离开台灯再看玻璃杯，会发现玻璃杯里的水竟然是绿色的。怎么样，很神奇吧！这到底是怎么回事呢？原来我们手拿玻璃杯对着灯光观察的时候，看到的是透射光，所以看到水的颜色是粉红色的。人眼中的视锥细胞对红色光会感到疲劳，当我们离开灯光后，此时眼睛里的视锥细胞对绿色光特别敏感，在自然光下，头脑中会感觉杯子里的水是绿色的，这是一种存在于大脑中的颜色意识，认为这种颜色为红色光的互补色——绿色光。现在你能给小伙伴解释清楚你的魔法的秘密了吗？

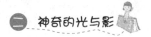

清水与"豆浆"

实验目标

杯中的水由透明变为乳白色又变回清水。

实验材料

一个透明的玻璃瓶、一些清水、少量明矾、少许火碱片。

实验操作

首先，在玻璃瓶中装入适量的清水和少量的明矾，摇动玻璃瓶，使之彻底溶解；然后，在玻璃瓶盖的橡皮凹陷处塞上少许火碱片，盖好后再一次摇动玻璃瓶；稍停片刻后，再摇动玻璃瓶。你会发现第一次摇动玻璃瓶的时候，瓶子里面的水是清澈透明的，没有变化。第二次摇动时，瓶子里的水变成了乳白色，好像豆浆一样。最后一次摇瓶子的时候，"豆浆"又变回了清水。

清水中放有少量的明矾，火碱片与明矾发生化学反应生成乳白色的氢氧化铝，所以清水就变成了乳白色溶液，就像豆浆一样。火碱与氢氧化铝继续反应，生成偏铝酸钠，偏铝酸钠易溶于水，所以"豆浆"就又变成清水了。

秘密信息

小朋友们来做一个小游戏吧，首先将小朋友们分为人数相等的两组，每组发一支圆珠笔、一盆水、两张纸和一些水。每组都在纸上写上几个字，然后将两组已经写过字的纸互换，哪一组的字最后被对方发现，哪组就获胜。

小朋友，想到怎么做了吗？首先把一张纸放在水里浸一下，然后把另一张纸放在湿纸上，用圆珠笔把你们这组的秘密信息写上，让写的字印到下面的湿纸上。过一会儿，等湿纸干了，纸上的字就消失了。这样别人就不能发现你们这组写的是什么了。当然要想让字再次出来也是很简单的，只要把纸再次浸到水中就可以了。为什么会出现这样的现象呢？用圆珠笔在干纸上写字，一般比较用力，所以就压缩了湿纸的纤维，浸透的纸干了之后，写过字的地方可以透过光线，但是因为没有油墨，人看不到字，重新浸湿后，写过字的地方因为纤维压缩而无法透过光线，字就又出现了。小朋友们，你们知道了吗？

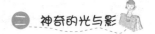
神奇的万花筒

实验目标

自制万花筒。

实验材料

一张硬卡纸、一张半透明的描图纸、一些五颜六色的小碎纸片、一把剪刀、一卷胶带、三个同样的镜片（最好是长方形的）。

实验操作

首先用胶带把三个镜片小心地贴在一起，形成三棱柱，注意让反光的那一面朝里。然后把半透明的描图纸剪成一个三角形，用胶带贴在三棱柱的底面（周围留一点边），做成一个三棱柱的盒子。把小碎纸片放进三棱柱里。最后把硬卡纸剪成一个三角形，并在上面挖一个小洞，贴在三棱柱的顶面。这样自制的万花筒就完成了。将万花筒对着灯光处，通过小洞就可以看到美丽的图案了，晃动一下，图案也立刻跟着变化。

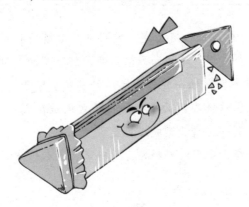

科学原理

三面镜子可以多重反射彩色小碎纸的图像，所以就会出现美丽的图案。

注意事项

做这个小实验的时候要用到剪刀与镜片，所以家长一定要在一旁协助。

小游戏

魔法镜

小朋友们喜欢魔法吗？现在我们就来做一个关于镜子的小游戏，看看镜子是怎么施展它的魔法的。

首先，我们要准备一把小刀、一支蜡烛、一盒火柴、两面镜子和一块橡皮泥。然后我们用小刀将一面镜子背面的水银划出一个直径大概2厘米的圆圈，当作观察孔。接着用橡皮泥将两面镜子垂直于桌面固定，镜面要相对，并且平行，间距大约10厘米。用火柴点燃蜡烛，把蜡烛放在两面镜子之间。仔细从观察孔观察就会发现，蜡烛的影像在两面镜子里被反复投射了无数次，就好像一下子多了好多支蜡烛一样。其实，秘密就在镜子上，因为镜子会反射光线，所以蜡烛的影像就在两面平行的镜子之间被反射来反射去，永无休止，所以我们就会看到一支蜡烛变成好多支了。

注意：这个小游戏需要用到刀和火，所以家长要在一旁协助。

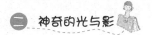

纸亮还是镜子亮

实验目标

在漆黑的屋子里纸比镜子亮。

实验材料

一面镜子、一张白纸、一个夹子、一个手电筒。

实验操作

首先将白纸固定在夹子上，将镜子和白纸放在桌子上。关掉屋子里面的灯，使屋子变暗。对着镜子和白纸打开手电筒，如果角度合适的话就会发现，手电筒光笼罩下的镜子是黑色的，纸则很亮。

科学原理

镜子的表面十分光滑平整，它对光的反射是规则而整齐的。一束光遇到

镜子后，由于反射作用光会改变前进方向，但光在新方向上的运动是十分整齐的，即产生镜面反射。如果你的眼睛和镜子反射的光不处在同一个方向上，就无法看到镜子反射的光，所以镜面看上去就是黑色的。而白纸的表面是凹凸不平的，光束射到白纸上就会向四面八方反射，这称为"漫反射"，所以当手电筒照射过去后，白纸在任何角度都是亮的，而镜子就不是了。

小游戏

硬币不见了

小朋友们，我们来表演个小魔术给爸爸妈妈看吧。需要的物品是：一个脸盆、一枚硬币、一个玻璃杯和一些水。

都准备好了吧，那么现在就开始喽：首先我们在脸盆里倒入大半盆水，并投入一枚硬币；然后在硬币上罩一个重一点的玻璃杯，注意放玻璃杯的时候要垂直放下去，不要让空气逸出。透过玻璃杯的侧面，我们会发现玻璃杯里的硬币不见了。怎么样，是不是很奇怪啊？原来是这样的，光从光密介质进入光疏介质，入射角大于临界角时就会发生全反射，从侧面的观察角度看，硬币上射出来的光线在玻璃和水的交界面发生了全反射，所以就看不见硬币了。表演这个小魔术一定要小心啊，不可以从玻璃杯底直接看下去，否则就不灵验喽。

日出日落的奥秘

实验目标

光线是直线传播的，因为地球自转才有了白天和黑夜。

实验材料

一个地球仪、一个手电筒。

实验操作

在一个黑暗的屋子里，打开手电筒对准地球仪照射。转动地球仪，我们会看到，无论地球仪怎样转动，手电筒照射的那一面总是亮的，而另一面总是暗的。

科学原理

通常光是沿直线传播的，不能弯曲，不能自动绕过障碍物照亮和它不在一条直线上的物品，由于光的这种特性，加上地球的自转，才有了昼夜之分。

小游戏

黑白变脸

纸张可以让我们的脸一半黑一半白哟！

当我们手里有这些材料时就可以做这个简单的小游戏了，这些材料是：一张白纸、一张黑纸、一个手电筒和一面镜子。首先我们要到一个没有光线的屋子里，坐到镜子前面，然后打开手电筒，把手电筒放到脸的左侧，让光线射在你的鼻子上，把黑纸放在脸的右侧，正对着手电筒的光，这时你就会看到镜子里你右边的脸一片漆黑。然后把黑纸换成白纸，这时由镜子里看到你右侧的脸被照亮了。这是谁在作怪呢？原来是白纸能够反射光线，手电筒的光照过来时，白纸又把它反射到了脸上，所以脸就被照亮了。但是黑纸几乎不反射光线，当手电筒的光照过来后，由于黑纸无法将光线反射到脸上，所以右侧的脸就一片漆黑了。

听话的电视机

实验目标

让电视机随时都听话。

实验材料

一台电视机、遥控器、镜子（大些的，最好有八开纸那么大）。

实验操作

首先，你要站在放电视的屋子外面，手拿着镜子，调好角度，保证你能从镜子里看到电视机；然后把遥控器对着镜子里的电视，按下遥控器，电视机居然乖乖地听你的指令！

科学原理

电视机的遥控器就是一把光束枪，它可以发出人眼看不见的红外线，当你将遥控器对准镜子中的电视机的时候，红外线的光束会被镜子反射到电视机上，这样，红外线传过来的信号也就会被电视的光探测器捕捉到，所以虽然对着镜子中的电视机发出指令，屋内的电视机也听你的话。

 **小游戏**

自制潜望镜

当你手上有这些材料时，就可以制作一个小小的潜望镜了，这些材料是：一张硬纸片、一个量角器和两面小镜子。

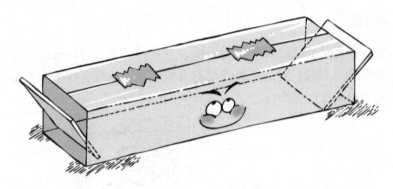

现在就开始制作喽：首先把硬纸片折成长方体筒状，使它正好能放入镜子，然后用量角器在纸筒两端量出45°角的位置，把小镜子分别放在刚才量好的位置上，一定要固定好，这样潜望镜就做好了。我们把潜望镜拿到窗台下，眼睛从下端向纸筒内望去，纸筒上方的景象竟然出现在眼前。这是利用了光的折射，使用两面小镜子使光发生两次反射，便从低处显现出高处的事物来。你还可以利用它使自己变成一个小侦探。

立竿见影

实验目标

通过竹竿知道时间。

实验材料

一根竹竿、一个能固定竹竿的器皿。

实验操作

首先把准备好的竹竿固定好，然后把竹竿放到阳光下，每隔一段时间观察一下竹竿的影子，并做好标记。那么，以后就可以在有阳光的日子里通过竹竿知道时间了。

科学原理

由于地球的自转，看到太阳由东向西移动，因此竹竿的影子也会随着阳光移动。所以，只要有阳光，我们就可以根据竹竿影子的不同方向和长度来判断时间。

小游戏

星星射灯

在夏季晴朗的晚上，我们抬起头就可以看到美丽的星星，比如遥遥相对的牛郎星和织女星。如果说可以让你在屋子里自制一片闪烁的星空，你信吗？现在我们就来做一个小游戏，可以让你控制星空呢！

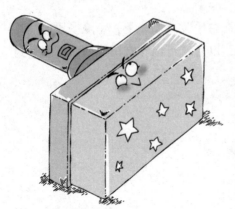

首先，要准备一个纸盒、一把剪刀、一个手电筒。我们把准备好的干净纸盒的盒盖与盒身分开。用剪刀在盒底上剪几个小孔或剪成五角星的形状，可以把小孔剪成你喜欢的星座，比如白羊座。在盒盖上剪一个与手电筒差不多大小的洞，这个洞要与盒底的小孔相对，然后盖上盒盖，关掉房间里的灯，把手电筒放在盒盖上的洞里，打开手电筒，将盒子对向房顶或者墙壁，墙壁上立刻出现了闪闪发光的小星星，就好像美丽的星空一样。

小朋友们可以一起来做这个小游戏，看看谁的星空最美丽。

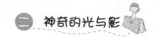

自制照相机

实验目标

亲自制作一个简单的照相机。

实验材料

一张蜡纸、一把剪刀、一个盒盖和盒身能分开的较薄的木盒、黑色笔、胶条。

实验操作

首先把木盒打开，用黑色笔把内部和盒盖全涂成黑色。然后在盒身的一端用剪刀剪开一个方形的小孔，用胶条把蜡纸贴在小孔上，蜡纸要比小孔略大。在另一端用剪刀小心地剪出一个直径不大于 1 厘米的小洞，眼睛放在小洞那一端，通过木盒望向另一端的大口，就会发现看到的物体竟然颠倒了。

科学原理

光是直线传播的，所以从大口中射入的光线在木盒内部发生了颠倒，顶端的光线射到了底端，底端的光线射到了顶端，所以我们从小孔中看到的事物是倒立的。

火柴的巧妙点燃

小朋友们，知道火柴都有哪几种点燃方式吗？现在我们就来做一个小游戏，看看不一样的火柴点燃法。

首先，我们要找来一根火柴和一面放大镜。然后把放大镜拿到烈日下，让强烈的太阳光照射到放大镜上。拿出火柴，把火柴头放在放大镜射出来的焦点上。这时一定要小心，因为现在的火柴头随时都有可能被点燃。原来，放大镜能把光线集中在一点上，此处的温度会逐渐升高，一直到火柴的燃点，所以火柴很容易就着了。

小朋友们可以比比看谁最先将火柴点燃，但是比赛时一定要小心，不要烫伤或者烧伤。

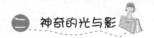

变色陀螺

实验目标

旋转起来的彩色陀螺变成了白色。

实验材料

一支圆珠笔芯、一把圆规、彩色铅笔、一张厚纸板、一把剪刀。

实验操作

首先用圆规在厚纸板上画一个圆，用剪刀沿线剪下这个圆。然后用铅笔把圆纸板分成七等份，用彩色铅笔在圆纸板的七等份中分别涂上红、橙、黄、绿、青、蓝、紫七种颜色。再把圆珠笔芯从圆心穿过，就做成了一个陀螺。旋转陀螺就会看到陀螺上的七种颜色都没有了，而只有白色。

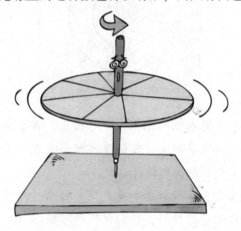

科学原理

阳光是由七色光复合而成的，呈白色。当陀螺旋转时，各种颜色在视觉中重叠，使陀螺看起来呈白色。如果看到的颜色是灰白色，那就说明彩色铅笔的颜料不纯。

奇妙的色谱

我们来做个奇妙的色谱吧！请准备一支红签字笔、一支滴管、一张吸水纸、一杯清水。

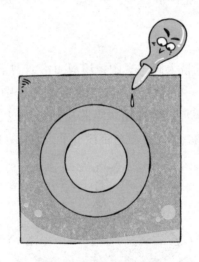

首先我们用红签字笔在吸水纸上画一个圆圈，再用滴管滴一两滴清水在圆圈上，将吸水纸平放在桌面上，仔细观察就会发现吸水纸上原来的红圆圈变成了以粉红色为中心环绕黄色的同心圆。

为什么红圆圈里会变成粉红色和黄色呢？原来，每种颜色的溶解度及附着力都不一样。利用这两种特性，我们便能很轻易地将红色签字笔水内的颜色——分析出来了。

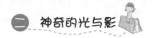

手指变多了

 实验目标

手指在电视机前晃动时变多了。

 实验材料

电视机或者电脑。

实验操作

在黑暗的房间内打开电视机，张开手，在电视机的屏幕前晃动手指，就会看到自己的手指变多了，而且不止多了一两根。

科学原理

电视机屏幕发出的光是闪烁的，每秒钟至少要闪烁 60 次，并不是一直亮着的。只是我们肉眼因为视觉暂留使看到的东西在视网膜上保留了 0.1 秒钟左右，所以我们没有觉察到。

小游戏

蜡烛的色彩

七色彩虹是雨后天空最美丽的装饰物，它的出现方式可是很多的哟。现在我们来做个有关蜡烛的小游戏，看看蜡烛中是否能走出美丽的七色彩虹呢。

首先要准备一支蜡烛、一面镜子、一盆清水和火柴。然后就开始我们的小游戏了。在一个黑暗的房间放一盆清水，把镜子平放在清水中，点燃蜡烛。调节好点燃的蜡烛和清水里的镜子的距离和角度，就会发现清水中镜子里蜡烛的火焰竟然变成了七彩的。

怎么样，很神奇吧？其实这是因为我们日常所见的白色光，实际上是由七种颜色的光混合而成的。当白色光线在水中发生不同角度的折射后，便会使七种颜色的光线分散，然后经过镜子的反射，最终形成了七彩火焰。

注意：这个小游戏需要点燃蜡烛，所以家长要在一旁协助。

针刺鸡蛋

实验目标

用一根长针刺鸡蛋，鸡蛋没有破。

实验材料

一枚生鸡蛋、一枚针尖非常尖的长针、胶带。

实验操作

首先用胶带在鸡蛋中部缠上一圈，然后把长针从鸡蛋一边有胶带处插进去，从另一边有胶带处出来，鸡蛋虽然被刺穿了，但是并没有破碎。

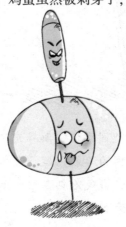

科学原理

鸡蛋上用胶带缠了一个圈，用长针刺穿鸡蛋时，蛋壳会产生龟裂，但是因为有胶带的保护，裂纹并不会扩大，所以鸡蛋也就不会碎裂。

注意事项

家长要在一旁协助。

活泼的纽扣

在我国古代，圣人孔子教他的弟子的时候，就让他们围成一圈。现在，请小朋友们围在一起，让一个小朋友坐在中央，来做个教与学的小游戏，看看不会动的纽扣是如何不安分的吧。

首先我们要准备一颗纽扣、一个玻璃杯以及一瓶汽水。然后我们往玻璃杯里注入汽水，但是不要装得太满，再把纽扣扔进玻璃杯里，就会看到纽扣周围形成了许多小气泡，而纽扣又慢慢地升到水面上。

下面就让"同学们"解释一下这是为什么吧！当"同学们"解释完了以后，"老师"给出正确的答案：纽扣不会沉入水底是因为二氧化碳。汽水放在空气中的时候会产生大量的气泡，也就是二氧化碳，当气泡粘在纽扣上的时候，纽扣就有了足够的浮力，所以它就能够浮到水面上去了。

"拯救"瓶子里的硬币

实验目标

用吸管将瓶子里的硬币提出来。

实验材料

一枚硬币、一支吸管、一个小口玻璃瓶、水。

实验操作

首先在玻璃瓶中注入适量的水，把硬币放入玻璃瓶中，然后把吸管插入玻璃瓶中，对准硬币用力吸气，一边吸气一边慢慢把吸管向上提起来，硬币便粘在吸管上被提了起来。

科学原理

硬币是在几个力的共同作用下被吸管吸住了而离开水底的。首先是黏合力使水吸住了吸管和硬币。其次，内聚力使水分子紧密结合，并把吸管和硬币的连接处封住。最后，是硬币下面所受到的浮力把硬币推向吸管。

两块亲密的玻璃

小朋友们聚在一起，来做一个教与学的游戏，其中一个人当老师，其余的是学生。

首先要搬一个小桌子，当作讲桌，然后在讲桌上放两块玻璃和一瓶水，就是今天"小老师"要讲课的内容了。上课后，"老师"首先将两块玻璃叠放在一起，然后让一个"同学"上来试着将玻璃分开，这个"同学"就会发现，这是件很容易的事情。然后"老师"在一片玻璃上滴上几滴水，把另一块玻璃盖上去，这个时候，再让刚才的"同学"来试着将这两块玻璃分开，就会发现这需要花费很大的力气才行。

这是为什么呢？"老师"要给出答案，答案就是：玻璃分子与水分子之间存在着附着力。液体与固体接触得越密切，附着力越大，两片玻璃之间因为有水就牢牢地粘在一起，不容易分开了。

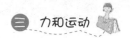

砸不碎的鸡蛋

实验目标

用锤子砸鸡蛋，但是鸡蛋没有碎。

实验材料

一个小木箱、一个锤子、一块石板、一堆细沙、一小块砖、20 枚鸡蛋。

实验操作

首先把箱子装上细沙，沙面上均匀地摆 20 枚鸡蛋。然后在鸡蛋上面压一块较重的石板，石板上放一小块砖。用锤子快速地照着砖砸去，砖被砸得粉碎，而鸡蛋却安然无恙。

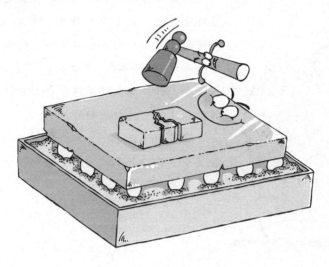

科学原理

砖与鸡蛋受同样的压力，由于石板的面积大，鸡蛋受到的压强就小，所以当锤子砸砖时，砖碎了，但是鸡蛋不会破，而且沙子也减缓了对鸡蛋的冲力。

注意事项

家长要在一旁协助。

坚强的蛋壳

当我们吃完鸡蛋的时候，记得不要扔掉蛋壳，因为只要我们有两个半截的蛋壳、一个杯口与半个蛋壳直径大小相同的小杯子和一根细铁棒就可以做一个有趣的小游戏了。

游戏过程是这样的：首先将蛋壳开口向下扣在杯子口上，然后拿一根细铁棒在离蛋壳约10厘米的高度竖直向下自由落到蛋壳上，就会发现蛋壳并没有被砸碎。怎么样，够坚强吧。但是，如果蛋壳开口向上放在杯子口上的话，蛋壳就不再坚强了，它就会被砸碎。

这是为什么呢？原来，口朝上的蛋壳受力比较集中，而口朝下的蛋壳受力比较分散，所以才会有这么坚强的蛋壳啊！

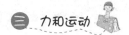

力大无穷的吸管

实验目标

吸管插进土豆里了。

实验材料

一个土豆、一根塑料吸管。

实验操作

用拇指按住吸管的一端，迅速将吸管插向土豆。你会发现，吸管竟然插进了土豆里。

科学原理

原来，当用手指按住吸管的时候，同时也把空气封在了吸管里，这就使得吸管变得很坚硬，所以吸管才插进了土豆里。

注意事项

家长要在一旁协助。

 小游戏

定身术

小朋友们，看《西游记》里面孙悟空的定身术多厉害啊，想不想试试呢？

如果这个时候你刚好跟两个力气比较大的小朋友在一起，那就太好了，因为这样的话，你马上就可以开始这个小游戏了。首先，你要站直，双手各握同一侧的肩膀，胳膊肘尽量放平，使你的胳膊肘远离你的重心。然后，让那两个大力气的朋友一边站一个来托着你的胳膊肘，看看他们能不能这样把你抬起来呢？结果发现他们不能把你抬起来。

这是为什么呢？原因是胳膊肘远离身体的重心，托起胳膊时要克服体重的阻力就会需要很大的力，所以你的大力气朋友也不能把你抬起来，就好像你会定身术一样。

大力士卫生筷

实验目标

放在桌边的卫生筷把水壶挂住了。

实验材料

一双卫生筷、一个水壶、一根橡皮筋。

实验操作

首先在一根卫生筷的前端扎上橡皮筋，放在水壶把手下面。然后将另外一根卫生筷对折，一端顶住橡皮筋，另一端顶住壶盖纽的底部。最后将卫生筷架在桌边，就发现水壶被挂住了。

科学原理

　　因为这个状态下的卫生筷在桌边的支撑点和水壶的重心刚好在一条重垂线上，达到了平衡，所以壶身就被固定住了。

小游戏

巧手开瓶盖

　　小朋友，你喜欢吃罐头吗？那你知道怎么把罐头盖打开吗？现在准备好一盒罐头、一个水盆、一副隔热手套和一些沸水。

　　在盆中放一些沸水，并把罐头的瓶盖部分放在沸水中，时间约为半分钟，然后把罐头瓶拿出来，戴上隔热手套，用手拧或向上掀瓶盖，结果就会发现瓶盖很容易就被打开了。

　　是不是很神奇呢？在受热膨胀和气压差的作用下，瓶盖就容易打开了。小朋友赶紧来试一试吧！

　　注意：家长要在一旁协助。

筷子的神力

实验目标

用筷子将装着米的杯子提起来。

实验材料

米、一根筷子、一个塑料杯。

实验操作

首先，将米倒满塑料杯，并用手将米按一按。然后用手按着米把筷子由指缝间插进去。用手轻轻提起筷子，就会发现杯子和米一起被提起来了。

科学原理

杯内米粒之间的挤压使杯内的空气被挤出来，杯子外面的压力就大于杯子里面的压力，这样筷子和米就紧紧地结合在一起了，所以提筷子时也能将米和杯子一起提起来。

 小游戏

神奇的香蕉

如果现在你有一个酒瓶、一根火柴、一根稍微熟过头的香蕉和一些度数比较高的白酒，那么你就可以做个有趣的小游戏，看看香蕉是怎么自己剥皮的了。

游戏开始啦！首先，把香蕉末端的皮剥开一点备用。然后在酒瓶内倒进少量白酒，用一根点着的火柴把瓶内的酒点燃，立即把香蕉的末端放在瓶口上，一定要把瓶口塞紧了，但要让香蕉皮搭在瓶口外面。这时你就会看到香蕉被瓶子吞进了"肚子"里，当然香蕉皮也就自己脱掉了。

这是为什么呢？原来燃烧耗尽了酒瓶中的氧气，所以瓶子里的压力就小于外面的压力，香蕉就掉进去了。

注意：家长一定要在一旁协助。

会吸水的蜡烛

实验目标

碟子里的水被拖进瓶子里。

实验材料

一支蜡烛、一个奶瓶、一个碟子、两枚硬币、水。

实验操作

首先将点燃的蜡烛固定在碟子里，然后把两枚硬币放进碟子，再将奶瓶倒立在硬币上，使其将蜡烛罩住。之后往碟子里加水，动作一定要快，这时你会发现加到碟子里的水竟然进到瓶子里了。

科学原理

蜡烛燃烧使瓶子里的空气减少，瓶外的气压大于瓶里的气压，使水进到瓶里。

注意事项

家长一定要在一旁协助。

小游戏

气球比赛

如果你现在有以下材料的话，就可以做一个有趣的小游戏了。这几样材料是：两个气球、两根绳子、两根塑料管及胶带。还有一个条件就是需要三个小朋友来做这个小游戏。

首先吹起两个气球，一大一小，把气球的口拧几圈后捏住。然后一个小朋友折起一根塑料管一头，另一头伸进气球的口里让另一个小朋友把气球与塑料管系紧，同法系好另一根塑料管与气球。然后将两根塑料管用胶带接在一起，举起两个气球，让两个小朋友同时松开捏着塑料管的手，这时就会看到，小气球越变越小，而大气球则越来越大。

这是为什么呢？原来是因为小气球的气压比大气球的气压大，所以就变成这样了。

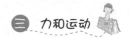

如意罐

实验目标

罐子滚出去一段距离后会自己往回滚。

实验材料

一个空奶粉罐、一个螺母、一把小刀、一根橡皮筋。

实验操作

首先，用小刀在奶粉罐的盖和底上各凿两个相距 2 厘米的孔，然后拿一根橡皮筋以"8"字形穿过 4 个孔，并将螺母系在皮筋的中央，盖好盖子。再把罐子放在硬实、光滑的平面上，向前推动一下，就会看到罐子滚出去一段后又回来了。

科学原理

滚动罐子时，系在皮筋中央的螺母使皮筋发生扭曲。推得越用力，橡皮筋的扭曲就变得越厉害，由此得到的弹性势能也越大。当使罐子滚动的能量用完以后，罐子停止滚动。而由橡皮筋弹性形变产生的势能便释放出来，罐子就会往回滚。

注意事项

家长一定要在一旁协助。

 小游戏

水中的魔力

夏天到了，小朋友们肯定很喜欢玩水吧，现在就来做一个有关水的小游戏吧。

首先我们准备一个盛着水的盆、一个塑料袋。然后将塑料袋套在手上，把手放入盆中，袋口不能没入水中，这时慢慢提起手，就会发现塑料袋粘在了手上。

这是为什么呢？原来水中不仅有浮力，还有压力，塑料袋由于水压的压迫而紧紧粘在手上了。

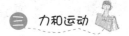

喜欢糖的牙签

实验目标

在糖和肥皂之间，牙签选择了糖。

实验材料

一块糖、一小块肥皂、一个装有水的碗、6 根牙签、水。

实验操作

首先，在碗中的水面上把牙签放成一圈，牙签的尖头全部朝内。然后，把糖放在圆圈中央，这时牙签慢慢向糖聚拢。将牙签取出来，换一碗清水，再把牙签像前面一样放回去，中央放一块肥皂，此时牙签慢慢地远离肥皂。

科学原理

糖溶化，附近的水密度变大下沉而产生水流，使牙签靠拢。而肥皂降低了附近水的表面张力，牙签被拉开了。

秋千比赛

小朋友们喜欢荡秋千吗？那么就来个荡秋千比赛吧。

两个小朋友分别坐在同样的秋千上，两人同时荡起，其中一个快一些、高一些，另一个慢一些、低一些。当秋千开始荡的时候，立即计时，然后让两个小朋友都停止用力，使秋千自然摆动，等秋千停到原位后记下时间，两个秋千居然是同时回到原位的。

这是为什么呢？原来，秋千摆动的周期只受吊绳长度的影响，高度和速度不能影响它。

被压扁的易拉罐

实验目标

冷水浇下去后，易拉罐被压扁了。

实验材料

一个易拉罐、一个大盆、一些橡皮泥、一些开水、一些冷水。

实验操作

首先把易拉罐放入大盆中，并把开水倒入易拉罐中，等待几分钟后，把热水倒出，用橡皮泥封住易拉罐口，并立即把冷水倒在易拉罐身上，就会看到易拉罐被压扁了。

科学原理

在倒掉热水后封闭了的易拉罐里仍有许多热气和水蒸气，猛地受到冷水浇灌，会使罐内气压骤降，导致罐外的压力大于罐内的压力，所以易拉罐就被压扁了。

注意事项

家长一定要在一旁协助。

小游戏

会武功的小蚂蚁

小蚂蚁会武功吗？为什么从高处扔下它，它也没事呢？现在就来做一下这个小游戏吧！

首先拿一张白纸铺在地上，这是为了更好地看到小蚂蚁，然后拿起小蚂蚁举起手，用力把小蚂蚁扔下来，落到白纸上的小蚂蚁没有丝毫损伤。

这是为什么呢？原来，小蚂蚁在下落的过程中受到了一个力的保护，这个力就是空气的阻力。小蚂蚁下落时受到的阻力与自身重力接近平衡，所以它下落的速度就很小，这样就不会摔伤。

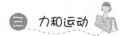
"打架" 的苹果

实验目标

不用手碰苹果，就能使两个苹果碰在一起。

实验材料

两个大小差不多的苹果、两根细绳。

实验操作

用细绳把两个苹果分别悬挂起来，距离不要太远，在两个苹果之间用力吹气，苹果就会动起来并且发生碰撞。

科学原理

对着苹果之间吹气，就会使它们中间在短时间内气压降低，并与苹果两旁的空气产生压力差，所以就将它们挤到一起了。

小游戏

隔着玻璃瓶吹蜡烛

如果现在你有一个玻璃瓶、一支蜡烛和一盒火柴，就可以做个隔着玻璃瓶吹蜡烛的小游戏了。

首先把蜡烛点燃，将燃烧着的蜡烛放在玻璃瓶的后面，然后对着玻璃瓶用力吹一下，就会发现，蜡烛竟然被吹灭了。

这是为什么呢？原来，虽然隔着玻璃瓶，但是吹气后玻璃瓶后面会产生低压，而周围的空气就会试着去平衡这个低压，结果空气一流动，蜡烛就被吹灭了。

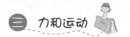
赖皮的乒乓球

实验目标

不管如何用力地吹乒乓球，它都不会出去。

实验材料

一个漏斗、一个乒乓球。

实验操作

把乒乓球放到漏斗里，将头仰起来，从漏斗嘴那儿对着漏斗用力吹里面的乒乓球，不管你怎么用力，都没有办法将乒乓球吹出来。

科学原理

当你吹出的气体碰到乒乓球的时候，空气就会在乒乓球的周围流动，使乒乓球下面的压力降低，而上面的压力却变得更大，所以乒乓球就不会出去了。

小游戏

折不断的火柴棍

现在用火柴棍来做个小游戏吧!

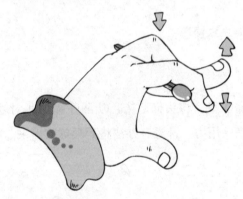

游戏是这样的：拿一根火柴棍，放在中指第一个关节的背上，用食指和无名指向下压的力和中指向上抬的力，来试着折断火柴棍，却失败了；然后换一下火柴棍的位置，用中指往下压，食指和无名指往上抬，依旧不能折断火柴棍。

这是为什么呢? 按照上面的方法来折火柴棍的时候，支点就在食指关节与手掌的连接处，当你在这么远的距离用力的时候，手指的力气那么小，怎么能折断火柴棍呢!

四 声音的奥秘

能"看见"的声音

实验目标

随着镜片的运动，墙壁上的光斑形成了不同的图形。

实验材料

一个气球、一把剪刀、一个空罐头盒、几块碎镜片、一些双面胶。

实验操作

首先，将空罐头盒两头打通，用剪刀从气球上剪下一块橡胶皮，将其绷紧到罐头盒的一端。然后，在绷紧的气球橡胶皮上，用双面胶粘贴几块碎镜片，注意不要粘贴在橡胶皮的中心，要靠边。在一个阳光充足的晴天，对着太阳站在一面墙的前面，人距离墙壁三四米远，手拿空罐头盒，让镜子对着墙壁，就会看到碎镜片将细碎的阳光反射到了墙壁上。对着空罐头盒高声喊叫，分别用拉长声音、变调喊和急促喊，就会看到随着镜片的运动，墙壁上的光斑形成了不同的图形。

科学原理

其实声音是看不到的，看到的只是声音所产生的振动。声音在空气中传播，具有一定的能量，当遇到障碍物的时候就能产生振动。

注意事项

家长要在一旁协助。

山谷的声音

如果你和爸爸妈妈去旅行，正好走到山谷中的话，你可以听听山谷的心声哟！

站在山谷中的你，放开嗓子大声地喊："我喜欢大山！"喊完后就会听到有一个声音在喊着你刚才的话。

这是为什么呢？原来是你的声音在传播过程中碰到大山这个障碍物，发生反射，所以你的声音又被射回来，这样就会在我们已经不喊的情况下听到另一个声音，好像在模仿我们一样。

简易的乐器

实验目标

制成简单的乐器。

实验材料

一个结实的小纸盒子、六根牛皮筋、七张硬纸。

实验操作

首先，把六根牛皮筋一根根地套在小纸盒上，让它们相互间保持相等的距离。其次，用一张硬纸，折成一根长的三棱柱，放在六根牛皮筋下面，把皮筋支起来。再次，让六个小三棱柱当"码子"，依次卡到六根弦下，使三棱柱长短不一。最后用手指弹一弹，就会听到六根弦发出不同的音调。适当移动"码子"，并把它们粘牢，就可以弹出优美的乐曲了。

科学原理

音调与声源振动频率有关。弦绷得越紧，音调就越高。

小游戏

自制小琴

需要的材料是：一个易拉罐、一根细木棍、一根绳子、一个气球、一把剪刀。

首先，把易拉罐的开口端用剪刀完全剪空，再往易拉罐里倒入少许水。然后，拿出气球剪下一块，大小可以覆盖住易拉罐的口，并用绳子捆紧，把木棍绑在气球膜上面正中间。用手指沾上水，轻轻捋动木棍，就会听到嗡嗡声，如果非常成功的话，会听到犹如提琴发出的声音。

注意：家长一定要在一旁协助。

会"唱歌"的玻璃杯

实验目标

玻璃杯持续发出声音,就像唱歌一样。

实验材料

几个玻璃杯。

实验操作

首先把玻璃杯并排放在桌面上,洗干净手,然后用手指沿着玻璃杯口缓缓运动,就会听到玻璃杯持续地发出声音,就像在唱歌一样。

科学原理

手指碰到玻璃杯，玻璃杯发出声波，声波不会因手离开玻璃杯而马上停止，而是继续传递到其他玻璃杯上，延续的声波就发出了犹如美妙音乐的声音。

瓶子里的声音

杯子会"唱歌"，那瓶子就是安安静静的吗？现在我们来做一个小游戏，一起听听瓶子里的声音吧。

我们要准备好以下几样东西：一个瓶子、一根绳子、一支蜡烛、一张纸、一把剪刀、几个铃铛。首先打开瓶子，取下瓶盖，用剪刀在瓶盖上钻一个小孔。然后把绳子穿过小孔，一端系上铃铛，放在瓶内，盖上瓶盖。摇动瓶子，听听铃铛发出的声音。然后打开瓶盖，点燃蜡烛，用蜡烛再点燃纸，把燃烧的纸迅速扔进瓶子里，依旧盖上瓶盖，摇动瓶子，就会发现燃烧纸之后铃铛发出的声音比燃烧纸之前的声音小。这是为什么呢？原来声音的传播需要介质，瓶内的空气就是声音传播的介质，当纸张燃烧后，瓶内的空气受热膨胀被挤出来了一些，空气就减少了，声音自然也就小了。

注意：这个小游戏有一定的危险性，家长一定要在一旁协助。

弹奏音乐的高脚杯

实验目标

用筷子敲击高脚杯，弹奏出悦耳的音乐。

实验材料

一根筷子、一支滴管、八个高脚玻璃杯、水。

实验操作

首先将八个高脚玻璃杯排成一字形，以最左边的空杯子作为高音 Do，依次向右加水开始调音，音阶分别为 Si、La、So、Fa、Me、Re 和中音 Do，音阶越低，杯中的水就要加得越多。调好音后，用筷子敲击高脚玻璃杯，就能弹奏出悦耳的音乐了。

声音振动的频率与物质的质量有关系。物质的质量越大，发出的声音越低。相反，质量越小发出的声音越高。因此，水最少的那个杯子发出的声音最高，水最多的那个杯子发出的声音最低。

发出声音的绳子

如果你有一根细且坚固的绳子和一颗有两个孔的大纽扣，那么就可以做一个有关绳子的声音的小游戏了。

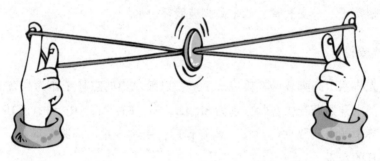

首先把绳子穿过纽扣孔，在末端打结，把纽扣放在绳子中央。然后用手勾住绳子的两端，按着同一方向转动纽扣几次。当绳子"绕成一团"时，分开手，把绳子拉紧，然后将手收拢再分开，这样交替进行直到绳子解开，你就会看到纽扣转得很快，还会扭转到相反方向，而且在这个过程中你会听到嗡嗡的声音。这是为什么呢？难道绳子真的会发出声音吗？其实这是因为纽扣的快速旋转带动了周围的空气振动，由此产生了嗡嗡的声音。

"土"电话

实验目标

用两个易拉罐制成一个简易的电话机。

实验材料

一根长线、一把锤子、两个钉子、两个易拉罐。

实验操作

首先，去掉两个易拉罐上面的盖子。然后，用钉子和锤子在两个易拉罐的底部各凿一个小孔，穿进长线，在伸入易拉罐内部的长线上打个结，使之不易脱落。之后，你和朋友各拿一个易拉罐，对着它小声讲话，这时双方能够听到彼此的声音。

科学原理

当人说话时，声波会使易拉罐的底部振动起来。这种振动被长线传送到另一个易拉罐的底部，于是对方就能听到声音了。

注意事项

家长要在一旁协助。

小游戏

最便宜的耳机

最近你有亲戚朋友要坐飞机吗？现在你就来制作一个最简单的耳机送给需要坐飞机的朋友并告诉他们怎么使用吧。

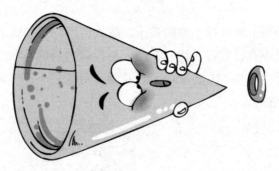

其实你只需要送给他们一张纸就行了，但要告诉他们做法。首先把纸卷成圆锥形，把其中尖头的一端插到飞机上插耳机的插孔中。然后放开音量，就能清楚地听到音乐声了。但一定要注意，只有飞机上允许这样做时才能做，且不要影响到其他人哟！简单吧，这是因为飞机座位上的扶手里面有个小扬声器，扬声器会发出声音，声音进入你用纸做的圆锥体底部，使尖端的纸产生振动，当这个声波沿着纸向上传递时，越来越多的纸随之振动，使声音加大，所以就能清楚地听到音乐声了。

会发声的气球

实验目标

气球可以扩大声音。

实验材料

一个气球。

实验操作

把吹胀的气球靠近耳朵，轻轻敲动气球的另一边，就会发现听到的声音比手指轻敲的声音要大。

**科学原理**

吹气球的时候，把许多空气压入了气球里面，因此气球里的空气比气球外面的空气密度大，所以里面空气的传声效果要比外面空气的传声效果好，所听到的声音就会比手指敲动时所听到的声音大。实验要注意安全。

小游戏

玻璃纸的恐怖声音

玻璃纸也会发出声音吗？而且还是恐怖的声音。别急，我们先来做个小游戏，就会明白玻璃纸是怎样发出恐怖的声音了。

首先我们准备一张玻璃纸，然后用两只手的拇指和食指将玻璃纸紧紧地拉开，并让玻璃纸正好位于嘴唇前面，手在脸的前方，嘴巴靠近紧紧拉开的玻璃纸边缘用力地吹气，当气流碰到玻璃纸边缘时，你会听到很高、很恐怖的声音。

这是为什么呢？原来物体振动得越快，所产生的音调就越高。玻璃纸非常薄，嘴唇送出的快速移动的空气使玻璃纸的边缘快速振动，所以玻璃纸就会制造出非常高的声音。

振动的声音

实验目标

拨动金属片，会听到嗡嗡的声音。

实验材料

一块金属片、两根绳子。

实验操作

首先将两根绳子的一端拧在一起，将拧在一起的这一端系上金属片。然后把两根绳子的另一端分别缠绕在两手的手指上。把金属片插在树缝里，拨动金属片让它来回摆动，拉直手上的绳子，把缠着绳子的手指插进耳朵里，就会听到嗡嗡的声音。

科学原理

由于碰撞金属片发生振动，然后通过绳子和手指传递到耳朵里，所以就会有嗡嗡的声音。

小游戏

课桌里的声音

小朋友们在课间可以做一个小游戏，就会听到很脆的声响哟。

首先我们将耳朵紧贴在桌面上，然后把一只手放到桌面下面，用手敲击桌子，就会听到很脆的声音，这声音要比我们耳朵远离桌面所听到的声音清脆得多。小朋友们可以来试一试。

那这是为什么呢？这是因为我们用手指敲击桌子，桌子产生振动，由于我们将耳朵紧贴在桌面上，所以振动很快就传到了耳朵里，就会听到很清脆的声音了。

共振的小球

实验目标

摇动一个塑料球，另一个小球会接着这一个运动。

实验材料

一根长绳、两根等长的细绳、两个同样大小的塑料球、一些胶条。

实验操作

首先把两个塑料球用胶条分别粘在两根细绳上，然后把细绳粘在长绳上，塑料球向下摆动，调整好细绳的距离，用手摇动其中一个塑料球，就会发现当这个塑料球停止运动后，另外一个就开始运动了。

科学原理

这种现象是由"摆的共振"原理引起的。当一个小球停止运动后，绳子把振动传递给另一个塑料球，所以另一个塑料球就又开始振动了。

自制留声机

如果现在你手里有这些材料的话，就可以制作一个简单的留声机了。这几样材料是：一张纸、一张旧唱片和一根木棍。

首先我们把木棍一头削尖，另一头从中间慢慢劈开一条缝，然后把纸夹在缝隙中，把尖的那一头立放在旋转的旧唱片中，就能清楚地听到旧唱片通过纸重新发出了音乐声。这样一个简单的留声机就制成了。

这是为什么呢？原来，木头尖在唱片沟纹中振动，并且传递给纸，振动变成声波后，又通过空气传到人的耳朵里。

注意：家长一定要在一旁协助。

共振现象

实验目标

敲打第一个杯子，第二个杯子上面的金属丝掉了下来。

实验材料

铅笔、一根金属丝、两个水杯、胶条、水。

实验操作

首先往第一个水杯中加入 1/3 的水，然后往第二个水杯中慢慢加水，并同时用铅笔敲打两个杯子，当它们发出的声音相同时，停止给第二个杯子加水。然后用胶条把金属丝轻轻粘在第二个杯子的杯口，敲打第一个杯子的杯口，金属丝就会轻轻振动。不停地敲打第一个杯子，同时使第二个杯子慢慢靠近第一个杯子，就会发现金属丝的振动幅度越来越大，最后掉了下来。

科学原理

这是由声音的共振现象引起的，由于两个杯子的振动频率相同，当敲打第一个杯子的时候，产生振动，并传给第二个杯子，又通过第二个杯子传给金属丝，所以最后金属丝就会掉下来。

判断错误的声源地

如果你现在正在和一个小朋友在一起，又不知道该做个什么游戏的话，你们可以找来两支铅笔和一块布，然后来做下面的小游戏。用布将朋友的眼

睛遮住，然后让他用手捂住一只耳朵，你用两支铅笔尖敲击，让他通过听声音指出你在哪个位置，你会发现他总是出错。你和朋友互换一下角色，结果仍是一样。如果只将眼睛蒙上，不将耳朵捂住，就能轻易地辨别出你或者朋友所在的位置。

这是为什么呢？原来，当我们仅用一只耳朵听的时候，我们是不能准确地找到声音的来源的。只有我们用两只耳朵听的时候，才可以找到声音来自何方。

摇不响的小铃铛

实验目标

摇小铃铛没有声音。

实验材料

一个打火机、一盏酒精灯、一个三脚架、两个小铃铛、两个等大的铁制圆筒、两个比圆筒大的胶塞、一些水。

实验操作

首先在每个胶塞的下面系一个小铃铛，然后取下两个铁筒的上底，换上胶塞，塞紧筒口，不让它漏气。摇动铁筒，就会听到两个铁筒里都会发出悦耳的声音。用打火机点燃酒精灯，放在三脚架下。取下其中一个铁筒的胶塞，在筒里灌些水并把铁筒放在三脚架上加热至水沸腾。等筒里的大部分蒸汽排出去了就快速地塞紧胶塞，再把铁筒放到冷水里冷却，然后摇动铁筒，就会发现铃声听不见了，而另一个还好好的。

科学原理

声音在真空中不能传播，当加热后空气会全部溢出，密闭的铁筒在冷水中变成了真空状态，所以就听不到声音了。

注意事项

家长一定要在一旁协助。

悄悄话

几个小朋友在一起的时候，就可以来做这个小游戏了。

小朋友们围成一圈或按顺序站成一排，然后一个小朋友（围成圈时是任意一个小朋友，站成一排时是第一个小朋友）在紧挨着的另一个小朋友耳边小声说一句话，第二个小朋友将这句话小声地告诉第三个小朋友。注意说话时声音一定要小，不能让其他人听到。等到传到最后一位小朋友时，这位小朋友再将听到的内容大声说出来，看看是否是第一个小朋友说的话。如果内容不正确，那么小朋友们可以把各自听到的话说出来，看看错误出在哪位小朋友那里。

五 人体真奇妙

止不住的抖动

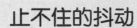

实验目标

想要保持细铁丝平衡的手抖个不停。

实验材料

一把小刀、一段细铁丝。

实验操作

首先把细铁丝弯成"V"字形，然后取出小刀，把细铁丝放在刀背上。接着把小刀竖放在桌面上，让细铁丝立在桌面，手保持不动。结果却会发现，手越想保持不动从而使细铁丝平稳，细铁丝越会抖个不停。

科学原理

人手上的肌肉会一会儿收缩，一会儿放松，交替变化着。当没有任何支撑物时，要想保持手静止不动是很难的。细微颤抖平时是观察不到的，但此时通过细铁丝的抖动能将手的抖动看得特别清楚。

不能分散的注意力

你可以手脚并用吗？

准备好一张纸和一支笔，把纸放在桌子上，脚在地上做着画圈的动作，同时手中拿着笔试着在纸上写一些字。结果就会发现，这时你写出来的只有和脚同样轨迹的圆圈，根本不是字。

这是为什么呢？原来，这是脚的运动干扰了你的手的工作，这也证明了一心不能二用。

灵活的手指

实验目标

弯曲的手指在其他手指都绷紧的情况下，并没有绷紧。

实验操作

任意伸出一只手，将手握成拳头，再展开，同时无名指自然弯曲。用另一只手的任意一根手指轻轻弹击无名指的指尖，这时你会发现，其他手指都是绷紧的，但是无名指不但没有绷紧，还自由地振动。

科学原理

人的身体中，肌肉是附着在骨骼上的，连接肌肉与肌肉的组织叫作肌腱，骨骼之间起连接作用的组织叫作韧带。当无名指弯曲后，连接这个无名指的肌腱和韧带使手指处于十分放松的状态，关节之间的连接也会很放松。当有

外力作用时，无名指就会振动。这种现象也可以发生在其他的手指上，但是振动幅度没有无名指明显。

 小游戏

不自觉的运动

如果你现在有一台跑步机和一条可以遮住眼睛的布条，就可以和朋友一起来做这个小游戏了。

首先，在水平的跑步机上缓步前行，同时让朋友帮你蒙上双眼；几分钟后，让朋友关闭机器，帮助你从跑步机上下来，特别要注意不要把布条从眼睛上取下来；然后你就在原地踏步，结果就会发现，尽管你感觉上是在原地不动，但实际上你却在向前移动。

你可以与朋友换一下角色，看看朋友是不是也和你一样出现了错觉呢！

运行中的跑步机有一定危险性，请一定要注意安全并有成人在一旁保护。

圆点消失了

实验目标

使眼睛看不到前方白纸上的圆点。

实验材料

一支笔、一张白纸。

实验操作

首先用笔在白纸上轻轻地画一个圆点，然后把白纸拿在手里，闭上一只眼睛，调整眼睛与白纸之间的距离，当调到一定的距离时，圆点就不见了。

科学原理

眼睛是有盲点的，盲点就是视神经穿过的地方，此处没有视觉细胞，影像落在此处无法成像，当圆点落在盲点处就看不见了。

醉汉走路

小朋友们看过醉汉走路吗？要不要学一学呢？

找一个木桩或小凳子，弯下腰手扶着木桩或小凳子围着它转圈圈，转几圈后，站起身笔直地朝前走，你会发现自己总是弯弯曲曲地行走，就像醉汉一样。

这是为什么呢？原来，你转圈的时候，内耳有一个维持身体平衡的器官，传递给大脑一种信号，当你停止转圈直行时，这一器官的作用还在继续，维持转圈时的运动指令，所以当你要直行时就是弯曲着走了。

手臂变短了

实验目标

指尖接触不到墙了。

实验操作

首先面对墙壁站立，调整自己与墙之间的距离，使伸直手臂时指尖刚好触到墙面。然后保持手臂伸直的状态，向下摆动手臂到身体后方，再恢复到原位，就会发现指尖触不到墙面了。

科学原理

当手臂摆到身体后侧时，你会不自觉地向后倾斜，所以当你再次向前摆回时，你的手臂是没有回到原位的，所以就不能触到墙壁了。

 小游戏

踮不起来的脚

这是一个非常简单的小游戏，不需要任何工具。

游戏是这样的：首先把房门打开，在门的边缘站立，鼻尖和腹部轻轻接触门扉，双脚放在门的两边，下面你就试着将脚踮起来，结果脚跟根本离不开地面。如果你觉得不可思议的话，不妨多找几个人试试，结果肯定不会改变。

这是为什么呢？原来人移动时是随着重心移动的，踮起脚的时候身体重心必须向前移动，但因为前面有门阻挡，所以没有办法移动，你也就不能把脚踮起来了。

大力士食指

实验目标

两根食指使握紧的拳头松开。

实验操作

首先，让你的朋友将两个胳膊伸直，手用力地握成拳头，拳头要上下重叠起来不能分开。然后，你用两个食指轻轻地按住朋友的两只手的手背，向里推，就会发现朋友用力握紧的拳头松开了。

科学原理

当拳头上下重叠时，人的力量就会集中在相叠处，而且伸直的手臂通过肩膀用力，手臂本身却难以使力，所以全神贯注于相叠的拳头若被横向施力，拳头就会松开。

变苦了的橙汁

酸甜的橙汁会变苦吗？现在我们就来做一个小游戏，看看它会不会变苦。

先喝一小口橙汁尝一下，然后用水漱口，再用牙膏刷牙，要刷一分钟，刷完了再漱口，之后再尝一下橙汁，就会发现橙汁变苦了。

这是为什么呢？原来牙膏中含有一种化学物质，这种物质使得橙汁中的柠檬酸的味道改变了，橙汁的酸味虽然保持原状，但是苦味却增加了十倍。

视觉暂停

实验目标

单独的小鸟和鸟笼子合在了一起。

实验材料

一张白纸、一些画笔、一把剪刀、两根细绳。

实验操作

首先在白纸的一面画一只小鸟,在另一面画一个鸟笼。然后用剪刀在纸两端剪两个小孔,并把绳子绑在两个小孔上。拉动绳子,使纸片旋转起来,就会看到单独的小鸟和鸟笼子合在了一起。

这是人的眼睛产生视觉暂停的结果。

逃跑的纸片

让你的朋友将手掌伸出来，你拿着一片纸片放在他手掌的上方，然后将纸片松开，让朋友去抓纸片，结果不管他抓多少次都抓不住，每次都让纸片逃跑了。

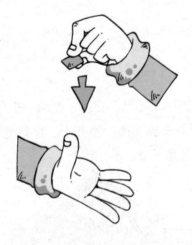

为什么纸片总能逃跑呢？这是因为当眼睛看到纸片掉落的时候，得先向大脑报告这个信息，等大脑下达指令后纸片却已经掉下去了，所以它就能够顺利地逃跑了。

最佳视觉

实验目标

离眼睛 25 厘米左右的物体看得最清楚。

实验材料

一本书、一把直尺。

实验操作

首先把书打开，让书本尽量接近脸部，但不要碰到脸。然后把书慢慢地拿着远离脸，等书上的字看上去很清楚的时候就不要大动了，前后稍稍挪动书本，使看到的字最清楚，用直尺量一下书到眼睛的距离，你会发现这个距离是 25 厘米。当然，不同的人这个距离会有一定的差别，但基本上都不会与这个距离相差太远。

科学原理

书上的字在眼前移动时，在视网膜上形成的字的影像也会跟着移动，当到了一定的点时，字就会在视网膜上形成很清晰的像。一般而言，视力正常的人看东西时最清楚的距离应该是 25 厘米。

小游戏

手掌中的洞

小朋友，拿一张纸来做个有趣的小游戏吧。

首先把纸卷成一个纸筒，然后用右眼往纸筒里面看，与此同时把左手掌心朝内举到纸筒边上，结果你就会发现，纸筒恰好穿透左手的掌心。

无缘的铅笔

实验目标

两支铅笔的铅笔尖总会错过。

实验材料

两支削好了的铅笔。

实验操作

首先两手各拿一支削尖的铅笔，使铅笔笔尖相对，距离为 60 厘米左右。然后闭上一只眼睛，将两支铅笔尖慢慢向中间靠拢，结果两支笔尖总是错过，总也无法碰在一起。

127

科学原理

闭着一只眼睛的时候，熟悉的纵深感就消失了，而且计算目标距离的双目视觉也没有了，所以像笔尖这样的小物体就会很容易错过。

书写错误

准备好一张卡片和一支笔，来做一个小游戏吧。

首先将卡片贴在你的前额上，按照正常的书写习惯在卡片上凭着感觉从左到右写几个字，然后把卡片拿下来看看你写的字，就会发现，这几个字的左右结构恰恰相反。

这是为什么呢？原来，一般的时候人们是不能将文字反向书写的，但是将纸放在前额的时候，头脑中支配左右肢体的感受器就有可能发生混乱，在发生混乱的情况下再依着感觉写的话，顺序就变成相反的了。

两个鼻子

实验目标

产生好像在摸两个鼻子的错觉。

实验操作

首先把中指和食指交叉起来，然后把交叉的手指放在鼻子上摩擦，这时就会产生一种好像在摸两个鼻子的错觉。

科学原理

交叉后的手指位置互换了，但是每根手指却单独向大脑提交摸到的信息，所以就会有摸两个鼻子的这种错觉了。

小游戏

奇妙的剪纸

找一张 A4 的白纸和一把剪刀，开始下面的小游戏吧。

　　首先，把 A4 纸对折一次，然后用剪刀在纸的中间剪出一个长方形的缺口；在缺口的边缘剪出"W"形波浪的缺口，剪的次数越多越好，但不要把纸剪成两半。把纸剪好后就会发现，纸张变成了一个纸圈，随着波浪越多，纸圈就会越大，甚至身体都能从纸圈中穿过去了。

蚂蚁会找路

实验目标

蚂蚁能够找到回家的路。

实验材料

一只蚂蚁。

实验操作

逮住一只小蚂蚁，把它拿到离蚂蚁窝大概两三步远的位置，然后暗暗观察，就会发现，小蚂蚁慢慢地找到了回家的路，并且回到了蚂蚁窝。

科学原理

蚂蚁不但视觉非常敏锐，而且还会根据太阳的位置以及光线的照射辨认出回家的路线，蚂蚁还会依靠气味找到回家的路。

给蚂蚁劝架

小朋友，蚂蚁会打架吗？如果你看到蚂蚁打架该怎么给它们劝架呢？

首先，你要先去野外找到两窝蚂蚁，然后准备好一些面包屑和水。在一窝蚂蚁巢穴附近撒上少许面包渣，过一会儿就会看到有蚂蚁爬来爬去，并且数量会越来越多，它们还互相碰触角，很团结地在那搬运面包渣。然后你从别处捉几只蚂蚁放到这窝蚂蚁中，就会看到，当两窝的蚂蚁一碰触角就开始

厮杀起来，甚至还会有战死沙场的蚂蚁。如果你把正在咬斗的蚂蚁放在水里洗一洗，再把它们放到一起，就会看到它们已经能够像一家人那样再也不咬斗了。

这是为什么呢？原来不同窝里的蚂蚁身上都有一种特殊的气味，蚂蚁可以通过辨别这种味来判断是不是同窝的，如果发现不是同伴的话，就会咬起来。另外，如果单个的蚂蚁相遇，就算不是一个窝里的，一般也不会打起来的。

胆小的蚂蚁

实验目标

你对着蚂蚁呼气，就会使蚂蚁慌乱不安。

实验材料

一只蚂蚁。

实验操作

首先，在蚂蚁窝旁边找到一只蚂蚁，然后对着这只蚂蚁呼气。耐心地等待一会儿，就会看到一群蚂蚁惊恐不安地到处乱跑。停止对蚂蚁呼气，蚂蚁很快就恢复正常活动。

科学原理

蚂蚁触角上的感受器会感受到人呼气时排出的二氧化碳,并把它视为一种危险信号,于是蚂蚁就会发出警告信号,等其他蚂蚁也都接收到这一信号后就会开始四处乱跑。

小游戏

找出蚱蜢的鼻子

小朋友,你知道蚱蜢的鼻子在哪里吗?下面我们就来做一个小游戏,看看蚱蜢的鼻子到底在哪里呢?

首先找来一只蚱蜢,并准备好一盆水。然后把蚱蜢的头慢慢地浸入水里,过几分钟后,蚱蜢像没有发生任何事一样,没有一点异常的反应。我们再将蚱蜢的尾部浸入水中,发现蚱蜢还是没有反应。接着把蚱蜢的身体按到水里面,腹部也要浸入水里,这时候就会看到,蚱蜢再也不会悠闲着了,它开

始乱蹬腿,翅膀也扇动起来,嘴里还老是吐泡泡,这时赶紧把蚱蜢从水里拿出来,过一会儿它就会恢复正常了。

通过这个游戏我们就会发现,原来蚱蜢的鼻子在腹部啊!

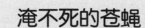

淹不死的苍蝇

实验目标

从水中捞起的苍蝇，几分钟后又活了过来。

实验材料

一只活苍蝇、一个金鱼网、一杯水。

实验操作

首先把苍蝇放到水里，过三个小时后，用金鱼网把苍蝇捞出来，放在地上，静静地等着，大概五分钟后，就会看到苍蝇又醒了。

科学原理

苍蝇是用气管呼吸的，身上有很多毛，这些毛可以防止水浸到它体内的气管里。昆虫一般都可以在缺氧的情况下生存十多个小时。

小游戏

不一样的温度计

蟋蟀也可以计量温度哟！下面我们就来做一个有趣的小游戏，看看蟋蟀是怎样计量温度的吧。

首先找一个温度计、一块电子表和一只蟋蟀。然后一个小朋友拿着电子表掐好15分钟，另一个小朋友来数数在这15分钟内蟋蟀叫的次数，然后用这个次数加上37，记下结果。再用温度计量一下当时的气温，结果就会发现，计算出来的结果与温度计测量出来的华氏气温基本接近。

这是为什么呢？原来蟋蟀通过摩擦左边的翅膀上遮盖的一层物质与右边的翅膀上面一层的粗糙边缘发出声音，随着气温的升高，摩擦的频率就会越高，声音也就越大。

会变色的虾

实验目标

煮熟的虾和活着的虾颜色是不一样的。

实验材料

几只活虾、一个锅、燃气灶、水。

实验操作

首先认真地观察活虾，它是青黑色的。然后将虾放到锅里，放上清水，在燃气灶上煮一会儿。煮完后，虾就变成了鲜红色。

科学原理

虾的外壳中有很多的色素，在煮过之后，色素就被高温破坏掉了，就只剩下不怕高温的红色素了，所以，煮过的虾就变成了红色。

注意事项

家长须在一旁协助。

 小游戏

不同的选择

蜜蜂和蝴蝶都是花朵的伙伴，但是它们所喜爱的花却是不同的。

当我们去公园玩的时候，不妨仔细观察一下，一般蜜蜂会停在黄色花朵和白色花朵上，而蝴蝶则停在红色花朵上。

为什么蜜蜂喜欢黄色和白色，而蝴蝶却喜欢红色呢？原来，蜜蜂看见的光谱与人类不同，它们看不见红光，所以蜜蜂就不可能会到红色的花朵上了。

会认路的蚯蚓

实验目标

蚯蚓向着葱的方向移去。

实验材料

蚯蚓、一根木棍、一棵葱。

实验操作

首先把蚯蚓放在平地上，再把木棍放在蚯蚓的面前，然后把葱放在它的侧面。结果就会看到，放上木棍后，蚯蚓就像没看到一样继续前进，等把葱放在它的侧面的时候，蚯蚓就会朝着葱的方向爬过去。

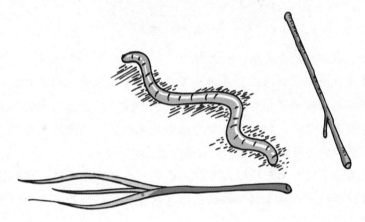

科学原理

蚯蚓长期生活在土壤里，眼睛早就已经退化了，而是根据前端的嗅觉器官来辨别方向，并进行探路。

小游戏

断肢再生的泥鳅

什么动物断肢后可以再生呢？泥鳅就可以，我们来看看泥鳅是不是真的可以断肢再生。

首先，准备好几条泥鳅、一把剪刀、一个水盆和一些清水。水盆中倒上清水，然后把泥鳅分成两组，并用剪刀剪掉其中一组的尾鳍上的尖端，另外的一组则从尾鳍根部开始剪，剪完后都放在水盆中。在接下来的几天里，每天都观察盆里的泥鳅，你就会发现，泥鳅的尾鳍正一点点地长起来，而且从尾鳍根部剪掉的泥鳅的尾鳍再生的速度会更快。

这是为什么呢？原来尾鳍是可以再生的。而只剪掉尾鳍尖端的泥鳅因为有老旧组织所以生长起来就比较慢，而从根部剪掉的则是新生组织更多，所以长得就更快。

跳舞的葡萄

实验目标

葡萄在水中上下跳动，就像跳舞一样。

实验材料

一个透明的玻璃杯、汽水、几颗葡萄。

实验操作

首先用含有二氧化碳的汽水灌满玻璃杯，然后把葡萄慢慢地放进水中。葡萄先沉入水底，然后就上下跳动起来，就像跳舞一样。

科学原理

汽水中的二氧化碳在倒进玻璃杯后就被释放出来了，于是它就冒出许多

小气泡将葡萄包裹住，葡萄就会向上浮动，达到一定高度后，小气泡就会破裂，所以葡萄又会沉到杯底，然后又被小气泡包裹。如此反复，可进行好几次。

天然驱虫法

如果不用农药，你知道如何赶走花卉上的虫子吗？

　　首先你要准备好一个水盆、一些大蒜和一些清水以及喷壶。然后把大蒜剥去皮捣烂，往水盆中倒入一些清水，将捣烂的大蒜放入水中浸泡几个小时，用喷壶装一些浸泡液（浸泡过大蒜的液体）喷洒在花卉上。两三天后就会发现花卉上的害虫不见了。

　　这是为什么呢？原来大蒜可以杀死虫卵，它的浓烈气味可驱赶害虫。

寻找阳光的小植物

实验目标

甘薯芽找到了出口。

实验材料

一块发芽的甘薯、一个鞋盒、一把剪刀、一盆潮湿的泥。

实验操作

首先把发芽的甘薯种在有潮湿泥土的花盆里，然后把它放在鞋盒的一个角里，在鞋盒的另一端剪一个圆孔，再在鞋盒里面贴两道隔墙，各留下一个小空隙。把鞋盒盖上，放在靠近窗子的地方，过几天就会看到甘薯芽找到了出口。

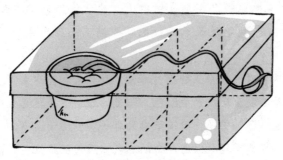

科学原理

植物细胞对光线很敏感，使植物朝着有光线的地方生长，即使在光线十分微弱的鞋盒里，甘薯芽也会朝着有光线的地方生长。

小游戏

你的名字长在了苹果上

　　苹果上可以长上你的名字，是不是很奇特啊？那就赶紧来看看是怎么回事吧。

　　首先用小刻刀把你的名字刻在纸贴上，然后把纸贴贴在长在树上的小苹果朝阳的那一面。等到苹果长熟后，把苹果摘下来，就会看到苹果上面长出了你的名字。

　　这是为什么呢？原来苹果里含有叶绿素、叶黄素和花青素等各种色素，其中花青素跟酸性物质会发生反应产生红色，阳光的照射使得花青素频繁地活动，于是苹果就慢慢地变红了。但是，贴着纸贴的那一块，由于没有阳光的照射，所以花青素就不能发生反应，就会保留原来的颜色，而周围是红色，看上去就像长了字一样。

仙人掌的净化作用

实验目标

仙人掌的汁液可以使浑水变干净。

实验材料

一片仙人掌、一把小刀、一杯浑水。

实验操作

首先，把仙人掌放在桌子上，用小刀在仙人掌上划几道口子，把仙人掌里的汁液挤出来。然后把仙人掌的汁液放在浑水中搅拌几分钟，就会发现搅拌时水中出现了蛋花状的沉淀物，停止搅拌后，沉淀物就会沉入水底，而浑水也变干净了。

科学原理

仙人掌的汁液有净化作用，是天然的净化剂。家长应协助完成实验。

 小游戏

大力气的玉米粒

玉米粒可以把杯子撑破，是不是很厉害啊？现在我们就来看看玉米粒是怎样把杯子撑破的吧。

首先，要准备玉米粒和水、一个旧铁皮罐、一根筷子、一个透明的塑料杯和石膏。然后在旧铁皮罐里放上适量的石膏，再加入足够的水搅拌一下，直到成为稀薄黏稠的石膏糊。之后把玉米粒放在铁皮罐的石膏糊中，用筷子搅拌均匀后把它倒入塑料杯中。第二天，就会发现塑料杯的杯壁上出现了裂缝，再过一段时间，杯子就裂开了。

这是为什么呢？原来石膏糊中含有水分，玉米粒吸收了这些水分后体积就会膨胀，并最终把塑料杯撑破。

会变色的花朵

实验目标

在醋水中的花朵变红了。

实验材料

四朵白花、四个玻璃杯、一些清水、一些醋、一些糖、一些盐。

实验操作

首先在四个玻璃杯中倒入一些清水，然后在其中三杯水中分别加入一些醋、糖、盐。把四朵白花分别插入四个玻璃杯中。过一段时间后，醋水里的花变成了红色，而且随着时间的延长，花会越来越红，而其他三个杯子里花的颜色基本上没有变化。

科学原理

花中含有花青素，花青素在遇到酸性物质时会变成红色。所以，醋水里的花变成了红色。

小游戏

白色的叶子

叶子会变成白色，你信吗？

　　现在就准备好一大一小两个烧杯、几片绿叶、一些清水和酒精，让我们来看看绿叶是怎样变白的吧。

　　首先在烧杯中放入水，把绿叶放进小烧杯里，然后把小烧杯放进大烧杯里，接着加热大烧杯，结果叶子依旧是绿色的。然后把小烧杯中的水换成酒精，接着加热大烧杯，就会发现绿叶变成了白色，而小烧杯里面的酒精却变成了绿色。

　　酒精是怎样把叶子的绿色抢走的呢？原来叶子之所以是绿色的，是因为它含有叶绿素，而叶子中的叶绿素虽然不溶于水，但是却溶于酒精。当绿叶在水中加热的时候，叶子还是绿的。但是一旦把水换成酒精，叶子里的叶绿素就溶解到酒精中去了，所以叶子就变成了白色，而酒精就成绿色的了。

　　请家长协助完成此实验。

七 有趣的
化学反应

会燃烧的糖

实验目标

糖可以像纸一样燃烧。

实验材料

一支蜡烛、一块糖、一盒火柴、一个西餐叉子、一些香烟灰。

实验操作

首先用火柴点燃蜡烛，然后往糖上撒一些香烟灰，用西餐叉子叉住糖果，将糖果放在蜡烛的火焰上，这时糖就像纸一样燃烧起来。

科学原理

烟草里含有大量的锂化合物，而锂的化学特性十分活泼，不仅是一种良好的催化剂，还对某些化学反应起到加速作用。香烟灰里也含有大量的

锂，所以当把香烟灰撒在糖果上面后，锂就起催化作用，使糖果燃烧。

注意事项

家长或老师一定要在旁边协助。

晴雨花

夏天到了，小朋友们是否已经感到了天气越来越调皮了，前一秒还是晴天，下一刻就变脸了。那么在这调皮的季节里，我们就来做个告知天气阴晴的晴雨花吧！

首先我们需准备一些二氯化钴溶液、一支塑料花、一个花瓶。然后我们将塑料花放在二氯化钴溶液中浸泡，之后插在花瓶中。在不同的天气里它会发生不同的变化，在晴天的时候，晴雨花是蓝色的，在下雨前晴雨花是紫色的，而在下雨的时候，晴雨花又变成粉红色的了。

原来二氯化钴对水特别敏感，常温晴天环境下，二氯化钴很难吸收水分，所以就是蓝色；而当空气中的水分增加后，二氯化钴就会吸收一小部分水分，晴雨花表面的一部分二氯化钴变成了钴的络合物，所以就是紫色；而下雨的时候，空气中水分急剧增加，晴雨花表面的二氯化钴完全变成了钴的络合物，所以就变成了粉红色。

注意：操作化学试剂有一定的危险性，家长或老师一定要在旁边协助。

发现指纹

实验目标

在白纸上发现指纹。

实验材料

一张白纸、一个药匙、一支试管、一个试管夹、一个橡皮塞、一个打火机、一盏酒精灯、一把剪刀、少量的碘。

实验操作

首先用剪刀将白纸剪成宽度不超过试管直径的纸条，用手指在纸条上用力压几个指印。然后用药匙取一些碘放进试管中，将纸条悬放进试管，压有指印的一面最好不要贴在试管壁上，用橡皮塞将试管口塞紧。最后用打火机点燃酒精灯，用试管夹夹住试管，将其放在酒精灯上方加热，等到试管内出现碘蒸气后停止加热，取出纸条，就会看到纸条上有清晰的棕色指纹。

科学原理

手指上分泌有油脂，用力压纸条的时候，油脂就沾在了纸条上，碘受热挥发出碘蒸气，碘蒸气能溶解沾在纸条上的油脂等分泌物，所以就形成了棕色的指纹印。

151

注意事项

这个小实验不适合单独在家完成，最好在学校老师的监督下进行，做实验时一定要注意安全。

可乐大变身

小朋友，喜欢玩过家家的游戏吗？你们"家"中的饮料够用吗？现在我们来玩这样一个游戏，保证等你下次玩过家家的时候，"家"中饮料神奇无比。

首先我们找来一张糯米纸，一个空可乐瓶、一个烧杯、酒精、一些蒸馏水、碘片、大苏打粉末。然后我们往可乐瓶里注入蒸馏水，水量大概在可乐瓶的 3/4 处，将酒精倒入烧杯中，放入适量的碘片，摇匀后倒入可乐瓶中，一边倒一边晃动可乐瓶，直到可乐瓶中的液体颜色变成和可乐相似的颜色为止。

现在我们成功地制成了"可乐"，其实"可乐"还可以变"雪碧"呢！首先在擦拭干燥的可乐瓶盖中放入适量的大苏打粉末，然后将糯米纸覆盖在瓶口上，拧紧瓶盖，不能使苏打粉末掉入可乐瓶里，然后用力摇晃可乐瓶，就会看到"可乐"立刻变成了无色透明的"雪碧"。

注意：小朋友在做这个实验时一定要记得不管可乐瓶里液体的颜色多么接近真正的可乐，它都是假的，千万不能饮用。而且游戏做完后要将可乐瓶里的液体清除掉，以免误食。

侦探的密信

实验目标

字迹消失后又显现了出来。

实验材料

一个盛水的瓷盘、一支自来水笔、一张粉色纸、适量的硫酸钠水溶液和硝酸钡水溶液。

实验操作

首先用自来水笔吸取硫酸钠水溶液，在粉色纸上写字，将写了字的纸晾干，上面的字迹就消失了。然后将硝酸钡水溶液倒入瓷盘中，将晾干的纸浸泡在溶液中，这时字迹又显现出来了。

科学原理

硫酸钠水溶液无色透明，用它在纸上写字，晾干后不会留下痕迹，将纸

浸泡在硝酸钡水溶液中，硫酸钠和硝酸钡发生了化学反应，产生了一种白色物质——硫酸钡，于是粉纸上也就出现了清晰的白色字迹。

注意事项

这个试验中有硫酸钠水溶液和硝酸钡水溶液，所以要有家长或者老师的协助。

复制图片

小朋友，如果你的面前有这些物品，那么我们就可以做个小游戏了。这些物品是：一个小勺、一块海绵、一张白纸、一张带图片的报纸，还有一些清水、松节油、洗涤剂。

首先取两勺清水、一勺松节油和一勺洗涤剂，将它们混合在一起，然后用一块海绵蘸着这种混合溶液，轻轻涂在报纸上有照片和图画的地方，在报纸上覆盖一张普通的白纸，用小勺的背面用力碾压白纸，报纸上的图案就会清晰地复制出来。看着白纸上清晰的图片，你是不是很高兴、很好奇呢？原来，松节油和洗涤剂混合形成了一种感光乳胶，它会浸入干燥的油墨染料和油脂之中，使其重新溶解，于是就将图案印在白纸上了。

酸碱指示剂

实验目标

不同杯子里的水变成了不同的颜色。

实验材料

一个滴管、一个烧杯、一个大玻璃杯、一把小刀、三个小玻璃酒杯、数片纱布、适量的紫甘蓝叶子、小苏打、白醋、清水。

实验操作

首先用小刀把紫甘蓝的叶子切成丁放入烧杯中，并注入开水。半小时以后，水的颜色变成紫色，然后把变了色的水用纱布过滤到大玻璃杯中。取三个小玻璃酒杯，各倒入半杯清水，在第二杯水中倒入少许白醋，在第三杯水中倒入少许小苏打。用滴管在每个酒杯中都滴入紫甘蓝叶子的汁，就会看到第一杯变成了紫色，第二杯变成了红色，第三杯则变成了绿色。

科学原理

紫甘蓝叶子的汁中含有花青素，花青素的颜色因溶液的酸碱度不同而改变颜色，溶液为酸性则颜色偏红，溶液为碱性则颜色偏蓝，花青素可以作为酸碱指示剂。

注意事项

老师一定要在一旁协助。

蔬菜小·测试

小朋友肯定听说过蔬菜中含有丰富的维生素，但是怎样才能让这些维生素"现形"呢？

现在我们就来做个小实验，看看维生素是怎样被"抓"的。首先，我们找来一个滴管、一个大玻璃杯、一根玻璃棒、数棵青菜、适量的淀粉和碘酒，当然还有适量的清水。然后在玻璃杯内放少量淀粉，倒入一些开水，并用玻璃棒搅动，使淀粉充分溶解。用滴管滴入两三滴碘酒，结果就会看到乳白色的淀粉溶液变成了蓝紫色，接着我们榨出青菜叶柄中的汁液，把汁液慢慢滴入玻璃杯中的蓝紫色液体中，同时要搅拌，就会看到蓝紫色的液体又变成了乳白色。因为淀粉遇到碘变成蓝紫色是淀粉的特性，而维生素C能与蓝紫色溶液中的碘发生反应，使溶液变成乳白色，这同时也证明了青菜中含有维生素C。我们是不是让维生素"现形"了呢！

不易生锈的铁钉

实验目标

使铁钉不生锈。

实验材料

数枚铁钉，一个三脚架，一个小汤匙，一片石棉网，一盏酒精灯，一个打火机，一个天平，一个烧杯，两支试管，适量稀盐酸，适量稀氢氧化钠溶液，适量氢氧化钠固体，适量硝酸钠，适量亚硝酸钠，适量蒸馏水。

实验操作

首先向试管内倒入适量稀氢氧化钠溶液，将铁钉放进试管里，除去铁钉表面的污垢。然后向另一支试管内倒入适量稀盐酸，将铁钉放进试管内，除去铁钉表面的铁锈、氧化层和镀锌层。用天平称取 2 克固体氢氧化钠、0.3 克硝酸钠，用小汤匙取少量亚硝酸钠，一起放进烧杯里，往烧杯里倒进适量蒸馏水，将铁钉放进烧杯中加热。随着时间的延长，铁钉表面生成了黑色或者亮蓝色的物质。

科学原理

空气中的氧气能造成铁器发生氧化作用，形成红褐色的铁锈。铁生锈是一个复杂的化学

157

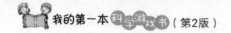

变化，是一种缓慢的氧化现象。只要我们采取适当的措施，如给铁制品涂上油漆，使其表面形成一层致密的氧化薄膜，从而隔开铁与氧气、水蒸气的接触，就可以防止铁生锈了。

这个实验需要在老师的指导下进行。

点铁成 "金"

如果现在你有一根铁钉和一些硝酸铜溶液的话，你就可以把铁变成"金"了。神奇吧，那就赶紧来试一试吧。

其实很简单，你只要把铁钉放进硝酸铜溶液中，就会看到铁钉变成了金铜色，闪闪发亮就像金子一样。

这是为什么呢？原来硝酸铜溶液和铁发生了化学反应，硝酸铜溶液中的铜被铁置换了出来，生成了硝酸亚铁和铜，生成的铜附着在铁钉的表面，这就使得铁钉看上去像金钉一样。

墨迹不见了

实验目标

被墨水染黑了的水又变成了清水。

实验材料

一瓶墨水、一些清水、一些消毒液、两个透明的玻璃杯。

实验操作

首先在一个玻璃杯中倒进一些清水，在清水中滴上几滴墨水。在另一个玻璃杯里倒一些消毒液，然后把有墨水的水倒进有消毒液的玻璃杯中，轻轻摇晃玻璃杯，就会看到被墨水染黑了的水又变回了清水。

科学原理

消毒液中的次氯酸钠与二氧化碳反应生成次氯酸，次氯酸具有漂白作用，使墨水变成了透明的清水。

小游戏

轻轻松松去血渍

小朋友们如果不小心手指划破了，把衣服沾上了血渍，该怎么把它洗干净呢？现在我们就来做个小游戏，看看怎么把血渍去掉。

首先我们拿来一块肥皂、一盆凉水、一盆热水和两块带有血渍的白布。然后分别把两块白布浸泡在热水和凉水中。过一段时间后，用肥皂分别清洗两块布，就会发现，在热水中白布上的血渍变得又深又暗，很难洗掉，而在冷水中的白布上的血渍却变浅了，用肥皂很快就能把它洗干净。

这是为什么呢？原来，血液中含有血红蛋白，而血红蛋白在遇热后会发生化学反应，使血渍难溶解于水，所以用热水洗就不容易洗干净了。所以，小朋友们以后洗带有血渍的衣服时一定不要用热水啊。

吹燃棉花

实验目标

用嘴巴对着棉花吹，棉花燃烧了起来。

实验材料

少量过氧化钠粉末、一些脱脂棉、一个蒸发皿、一个镊子、一根玻璃棒、一根细长的玻璃管。

实验操作

首先铺开脱脂棉，在上面撒少量的过氧化钠粉末，并用玻璃棒轻轻搅拌，使其进入脱脂棉。然后将脱脂棉用镊子卷好，放到蒸发皿中，用玻璃管向脱脂棉缓缓吹气，就会看到棉花着了起来。

用嘴吹气会产生二氧化碳，二氧化碳和脱脂棉中的过氧化钠反应，释放出大量热，并且产生氧气，致使棉花燃烧起来。

老师一定要在一旁协助。

自制灭火器

现在，如果你有以下几样物品，那么你就可以制作一个简单的灭火器了。这几样物品是：一支蜡烛、一些醋、一些碳酸氢钠、一根玻璃棒和两个透明的玻璃杯。赶快和爸爸妈妈一起来做小实验吧。

现在开始制作：首先把蜡烛放在一个玻璃杯里并把蜡烛点燃，然后在另一个玻璃杯里加进一些碳酸氢钠，再倒进一些醋。这时，就会发现杯中开始冒泡，并产生泡沫，用玻璃棒把泡沫轻轻地抹在蜡烛上，蜡烛就会马上熄灭。

这是为什么呢？原来，碳酸氢钠和醋反应产生了二氧化碳，就会冒泡，而二氧化碳是不能燃烧的，所以当你把泡沫抹到蜡烛上的时候，蜡烛就熄灭了。

会开花的蜡烛

实验目标

蜡烛遇到橘子皮时会迸溅出火花。

实验材料

一支蜡烛、新鲜的橘子皮。

实验操作

首先在一间比较暗的屋子里，把蜡烛放在桌子上并点燃。然后用新鲜的橘子皮靠近蜡烛火焰，并使劲挤压橘子皮，就会看到蜡烛会迸溅出一些火花。

科学原理

橘子皮中挤出来的汁液含有植物油成分，当植物油遇到蜡烛的火焰时就会燃烧起来产生火花。

注意事项

父母一定要在一旁协助。

小游戏

巧妙吹气球

当你有这些材料时就可以尝试一个小游戏了，这些材料是：一个玻璃瓶、一个气球、一袋醋、一些清水和一些苏打粉。

现在，向玻璃瓶里注入一些清水，加入一些苏打粉，搅拌均匀后再往瓶中倒进一些醋，把气球套在瓶口处。过一小会儿，就会看到气球自己慢慢地胀了起来。

这是为什么呢？原来，苏打粉与醋在一起产生了二氧化碳，而气球又将瓶口封住了，所以二氧化碳就会充满气球，气球就胀起来了。

会冒烟的手指

实验目标

手指间冒出白烟。

实验材料

一个盘子、一个空火柴盒、一盒火柴。

实验操作

首先撕下一片粘在空火柴盒两侧的砂纸，然后把它放在盘中，要把砂纸的那一面朝下。然后用火柴把放在盘子上的砂纸点燃，等到砂纸燃烧完以后，就会看到盘子里留下了红褐色的灰烬。待灰烬冷却后用大拇指及食指捏一点红褐色的灰烬，两个手指摩擦一下，就可以发现，从摩擦的手指间冒出了一缕缕的白烟。

科学原理

砂纸上含有可以在低温下燃烧的红磷化合物，燃烧后留下的红磷灰烬在手指摩擦产生热量的情况下就会燃烧，产生白色的烟雾。

注意事项

家长一定要在一旁协助。

让香蕉快点成熟

如果你面前有一个绿色的没有成熟的香蕉，怎样让它快点成熟呢？

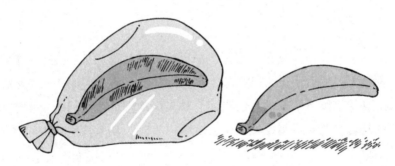

首先找来一个纸袋、一根细线，当然还得有两根还没有成熟的绿香蕉。然后把其中一根香蕉放进纸袋里，用细线把纸袋的口系紧，将两根香蕉放在桌子上。三天后打开袋子，就会看到里面的香蕉已经熟透变黄了，而桌子上的香蕉还是绿色的。

这是为什呢？原来，在袋子里的香蕉产生的乙烯气体不能排出去，这就促使袋内的香蕉很快地成熟了；而在桌子上的香蕉虽然也产生乙烯，但是大部分乙烯都散到空气里去了，所以成熟得慢。

八 电与磁
小·实验

带电的糖

在你咬口香糖时，它会迸出蓝绿色的火花。

实验材料

一块口香糖、一面镜子。

实验操作

首先你要在一个较暗的屋子里，然后在嘴里放一块口香糖，咀嚼它并对着镜子观察。你会发现，在你咬口香糖的时候，咬到哪里，哪里就会迸出蓝绿色的火花。

口香糖中含有鹿蹄草，鹿蹄草属植物的化学成分能够吸收紫外线能量并把它转换成可见光，这个过程叫作荧光反应，被激活的物质分子会发出一种明亮的蓝绿色的光。

小游戏

柠檬做的电池

如果你现在有这些材料，你就可以制作一个柠檬电池了。这些材料是：柠檬、铝片、铜片、一把小刀、一个小灯泡、一把剪刀、一卷胶带、一张砂纸和导线。

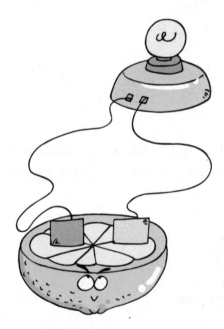

请爸爸妈妈和你一同制作吧。首先用剪刀剪出相同尺寸的铜片和铝片，用砂纸磨干净表面的污垢和锈迹。然后把柠檬切开，将导线缠绕在铜片、铝片上，用胶带粘好，再放到对切的柠檬中间，铝片和铜片的位置要错开。用导线接上小灯泡，就会看到小灯泡亮起来了。

这是为什么呢？原来柠檬是电解质，将铜片和铝片插入柠檬中，铝就会发生氧化反应而失去电子成为负极，而铜片发生还原反应得到电子成为正极。当连接上导线后，电路就被接通了。

会发电的醋

实验目标

醋可以使灯泡亮起来。

实验材料

一个小灯泡、一块铜片、一块锌片、一个塑料盆、一袋醋、两根电线。

实验操作

首先把灯泡拧入灯座内，然后把两根电线分别连接在灯泡两端，把电线的另外两端分别固定在铜片和锌片上，再把醋倒进塑料盆里，把铜片和锌片放进醋里，就会发现灯泡亮了。

科学原理

醋代替了干电池中的电解质，锌片和铜片起到了传导电解质并使它们发生化学反应的作用，所以灯泡会亮。

 小游戏

自制闪电

如果现在你有一个气球、一双手套和一个杆状铁质的小物品，你就可以制造出闪电了。

首先你要在一间干燥的房间内，并且要戴上手套，这是为了防止意外发生。然后把气球吹起来，并在衣服上摩擦一分钟。接着拿起杆状的铁质物品，用它的一端小心地碰触刚刚摩擦过的气球的表面，就会听到细微的"噼啪"声。如果房间够干燥的话还能看到一些闪光。

这是为什么呢？原来气球摩擦衣服后会产生一定的电荷，当铁质物品靠近它时，电荷就会慢慢靠近它并集中起来。当气球接触到铁质物品时，就会释放电荷，发生小型的爆炸。

操作时，请注意安全哟。

收音机出现干扰音

实验目标

当摩擦后的气球靠近收音机时，收音机出现了杂音。

实验材料

一个气球、一台收音机。

实验操作

首先把收音机打开，任意调一个台，然后把气球吹起来，在头发上摩擦几下，把气球靠近收音机，就会听到收音机发出了刺耳的声音。而且只要气球不离开，收音机的刺耳声就一直不会消失。

171

科学原理

气球经过摩擦产生电荷，当气球靠近收音机时，就会产生电磁波，这就干扰了收音机的正常接收，就会出现杂音。

小游戏

不愿在一起的气球

准备好两个气球和一张白纸，就可以做一个有趣的小游戏了。

首先把两个气球都吹起来，用绳系好，并在头发上摩擦。然后把两个气球放在一起，并在两个气球中间放入白纸，如果把白纸拿开，这两个气球就不会在一起待着。

这是为什么呢？原来气球摩擦后就带上了相同的电荷，它们之间就会互相排斥。但如果有白纸的话，静电就会被吸引到白纸上。

带电的报纸

实验目标

把报纸从墙上揭下来的时候，听到了静电的声音。

实验材料

一张报纸、一支铅笔。

实验操作

　　首先把报纸展开，平铺在墙上，然后用铅笔的侧面迅速地在报纸上摩擦几下，报纸好像粘在墙上了一样掉不下来了。掀起报纸的一角，松开手，被掀起的角又被墙壁吸回去了。把报纸慢慢地从墙上揭下来，就会听到静电的声音。

科学原理

铅笔的摩擦使报纸带电，报纸就吸到了墙上。

小游戏

米粒四射

如果你现在有一个小碟子、一把塑料的小汤勺、一件毛衣和一些干燥的米粒，就可以做一个有趣的小游戏了。

首先在一个小碟子里装上一些干燥的米粒，然后把塑料小汤勺用毛衣摩擦一会儿，这时汤勺上就产生了电荷，具有了静电。

把小汤勺靠近盛有小米粒的碟子上面，这时小米粒受电荷的吸引，就会自动跳起来，吸附在汤勺上。但是接着你就会发现，刚刚吸上汤勺的小米粒，一眨眼工夫，它们又像四溅的火花，突然向四周散射开去了。

这是为什么呢？原来带电的汤勺吸引小米粒的时间是很短的，当小米粒吸附在小汤勺上以后，汤勺上吸附的小米粒就都带有与汤勺同样的电荷。由于同性电荷是相互排斥的，所以吸附在汤勺上的小米粒互相排斥，全部散射开了。

会跳舞的纸蛇

实验目标

纸蛇跟着梳子跳起了舞。

实验材料

一把塑料梳子、一块毛料布、一把剪刀、水彩笔和几张彩色纸。

实验操作

首先把彩色纸剪成圆形，再将圆形纸剪成螺旋状，做成一条纸蛇，并用水彩笔装饰小蛇。然后把梳子在毛料布上朝同一方向用力地摩擦几下后，将梳子靠近纸蛇，就会看到纸蛇随着梳子跳舞。

科学原理

梳子通过毛料布的摩擦带上电，就会吸引着不带电的纸蛇。所以"小蛇"就开始跳舞啦！

谁先分出来

把粗盐粒和胡椒面掺和在一起，能很快把它们分开来吗？这个小游戏可以多人一起玩。

游戏的玩法是这样的。首先给每人发一把塑料小汤勺以及由一勺盐、半勺胡椒面的混合物。准备好后，裁判就可以发令，让参赛者开始分了。谁最先分完，谁为优胜者。

参赛者听到裁判"开始"的口令后，把塑料汤勺先在毛衣上摩擦一会儿，然后把汤勺逐渐靠近盐和胡椒面的混合物。这时，胡椒面就会跳起来吸附在塑料汤勺上。用这个方法，你很快就可以把盐粒和胡椒面分开了。

这是因为塑料汤勺经过摩擦带有电荷，胡椒面比盐粒轻，所以被吸起来。注意，不要把汤勺离混合物太近，否则盐粒也会被吸起来。

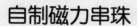

自制磁力串珠

实验目标

小珠可以连在一起，但保持的时间很短。

实验材料

一块大磁铁、几个小铁珠。

实验操作

手拿大磁铁，让大磁铁吸住第一个小铁珠，然后再把剩下的小铁珠依次附在上一个铁珠上，使小珠呈串状垂挂。静静地观看，就会发现开始的时候，小铁珠能全部连在一起，但过一会儿就会掉下去。

科学原理

磁铁会把一部分磁性传递给小铁珠，所以能够形成串状垂挂的小铁珠，但这是有限的，所以当磁性消耗完，小铁珠自然就会掉下去。

小游戏

铁条产生了磁性

如果你现在有一枚大头针、一块木头、一小截铁条和一些沙子，那么你就可以来做这个小游戏了。

首先把铁条在火上烧红放到沙子里冷却。铁条冷却后，一手拿铁条，一手拿木块，铁的两端对着南北方向，用木块敲铁条，之后让铁条慢慢靠近大头针，就会看到铁条将大头针吸了起来，就好像铁条变成了磁铁一样。

这是为什么呢？原来南北方向敲击铁条后，铁条在地磁的作用下产生了磁性，所以能够吸引大头针。

大家可以试一下东西方向敲打铁条，是不是也能得到这样的结果。

铁条在火上烧时，不可直接接触加热的铁条，请注意防护，以免烫伤。可以请家长协助完成实验。

被吸引的铅笔

实验目标

铅笔慢慢转向磁铁这边。

实验材料

一支削好的侧面为圆形的铅笔、一支侧面带有棱角的铅笔、一块磁铁。

实验操作

首先把有棱角的铅笔放在桌面上，把圆形铅笔平行地搭在棱角铅笔上。然后再拿磁铁慢慢靠近圆形铅笔的笔尖，就会看到圆形铅笔慢慢转到了磁铁这边。

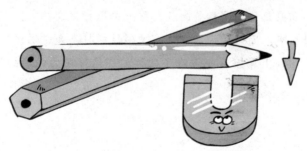

科学原理

铅笔芯是石墨制成的，它受到了磁铁的吸引，所以就会出现这种状况。

自制指南针

如果有以下材料，你就可以制作一个指南针了。这些材料是：一把剪刀、一块磁铁、一盆水和一段磁带。

首先将磁带剪下指南针针尖大小的一段，然后把剪下来的磁带的一端放在磁铁上摩擦几下，将其放在水面上，就会看到磁带在水中转动一会儿后，就会停下来，而且正好一端指着南边，另一端指着北边。

这是为什么呢？因为磁带本身涂有硬磁性材料，经过磁化后会保持磁性，所以当磁带在磁铁上摩擦后就带有了磁性，在地球磁力的影响下，就成了指南针了。

了解地球磁场

实验目标

铁钉总是指向南北方。

实验材料

一个铁钉、一杯水、一块磁铁、一块泡沫板。

实验操作

首先用磁铁在铁钉的钉帽处沿着同一个方向摩擦，然后把钉子穿透泡沫板，把它们放进盛水的水杯中。等泡沫板静止后，铁钉一直是一端指着南，一端指着北，不管你怎么转动水杯，都不能改变它的方向。

科学原理

地球是一个大的磁场，磁铁摩擦铁钉，就使得铁钉磁化，所以铁钉会出现这种现象。

小游戏

钓鱼比赛

在开始比赛前，要先制作好小鱼和钓鱼竿。

我们先找来一把剪刀、一些纸片、一块磁铁、一根木棍、一盆水、一些订书钉、一些绳子。

然后开始制作。先用剪刀把纸片剪成各种各样的小鱼，在每个小鱼上面都钉上几个订书钉，然后把小鱼放进水盆里。再把木棍系上绳子，绳子的另一头系上磁铁。拿着木棍让磁铁靠近水面，就可以轻松地把小鱼钓上来了。

叫来几个小朋友开始比赛吧，谁钓上来的小鱼多，谁就是胜利者。

磁铁失灵了

实验目标

磁铁不能吸上大头针来。

实验材料

一块条形的磁铁、一盒火柴、一个夹子、一支蜡烛、几枚大头针。

实验操作

首先用火柴把蜡烛点着，用夹子夹住磁铁在火上烧 5 分钟，然后放在一边冷却。冷却 15 分钟后，用夹子夹住磁铁去吸桌子上的大头针，却发现一根也吸不上来。

科学原理

磁铁受热后，铁原子的排列规则被打乱，所以就失去了磁性。

注意事项

家长要在一旁协助，燃烧后待冷却的磁铁应放在石棉网等可耐热、隔热的防护垫上。

磁铁的距离

现在，如果你有这几样材料的话，那么就来比试一下，看看谁最先将回形针钓上来。这几样材料是：一块磁铁、一块丝巾、一块羊毛手巾和几枚回形针。

首先用羊毛手巾把磁铁裹起来，再把裹有羊毛手巾的磁铁靠近回形针，这时磁铁不能吸起回形针。然后改用丝巾裹起磁铁，再靠近回形针就可以吸起回形针了。这是因为丝巾很薄，回形针离磁铁近所以能吸起来。

现在小朋友们就来比赛吧，看谁钓上来的回形针多，一定要记得磁铁的吸引力是有距离限制的啊！

矿泉水瓶里的 "龙卷风"

实验目标

转动矿泉水瓶，里面会出现旋涡。

实验材料

水、矿泉水瓶。

实验操作

将矿泉水瓶里面装满水，然后迅速将瓶子倒过来并马上转动瓶子，这时瓶子内会产生旋涡，水也会一下子都倒出来。

科学原理

瓶内出现的水柱中心形成了一个空洞，而瓶外的空气就由这个洞进入瓶子里，并达到水面的上方。水在这些空气的挤压下，很快就流出来了，看起来就像瓶子里在刮龙卷风。

185

会响的报纸

几个小朋友聚在一起，可以来个小小的比赛呢！比赛的内容就是：看看谁的报纸发出的声音大。

首先将报纸折叠一下。取一块长方形报纸，沿长边方向向上折起约3厘米宽，然后将报纸翻过来，对折一下，将折起来的小边的两角拉在一起，用手抓住用力一甩，就会有巨大的声音。

小朋友们来比赛，谁折的报纸发出的声音更大，谁就是胜利者。

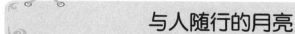

与人随行的月亮

实验目标

月亮会一直跟着自己。

实验操作

当我们在晚上坐火车或者汽车的时候，我们会发现，汽车或火车停着的时候，月亮也静静地停在那儿，而等到火车或者汽车开动后，外面的树啊、房子啊都在往后退去，只有月亮一直在跟着跑。

科学原理

月亮距离地球 38 万千米，这就使得来自月亮的反射光几乎都是平行光线。火车或者汽车走了一段距离后，比起地球与月亮之间的距离仍旧可以忽略不计，月亮相对于我们仿佛一直处在相同的位置，所以月亮就会一直与人随行了。

小游戏

钟摆

如果现在你有这些材料，就可以来做一个小游戏，通过这个小游戏，你可以知道地球一直在不断地转动哟。这些材料是：一根细铁丝、一支彩笔、一个塑料小球、一卷胶带、一张长方形的硬纸和一根细线。

游戏开始之前，要先制作一个钟摆。将细铁丝插入小球中，在铁丝末端绑上细线，钟摆就做成了。将钟摆粘在天花板上，让它自己摆动。用彩笔在硬纸上画一条直线，把画好线的硬纸粘在小球正下方的地板上，使钟摆的摆动正好沿着这条直线。两个小时后你会发现，虽然钟摆仍然按照原来的路线摆动，但是已经不再对着你用彩笔画的线了。

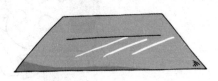

这是为什么呢？原来钟摆由于惯性会依着相同的路线摆动，因为地球一直在转动，天花板和地板也会随之发生移动。彩笔画的线在地板上，钟摆悬挂在天花板上，并且一直在摆动，二者在天花板和地板发生移动时受力不同，以致钟摆的方向与地板转动的方向不能完全吻合，那么钟摆就不会再对着你用彩笔画的线了。

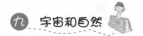
会逐渐变小的树影

实验目标

随着小船的靠近，树的倒影在不断变小。

实验材料

小船。

实验操作

首先，人要坐在船上，而且能够看到湖边的树木在湖面上投下的倒影。然后，就朝着树的方向把船划过去，随着船不断靠近就会发现，树的倒影在不断地变小，但是，船却永远也划不到倒影中。

189

科学原理

树的倒影是光被水面反射后进入人眼的虚像。当人看到物体在水面的倒影时，来自物体的光线与其反射的光线处在同一平面，而且入射角与反射角相等。随着船慢慢靠近，来自树木顶部的光的入射角和反射角就会渐渐变小，但是不会变成0（除了伸到水面上的树木外），所以我们永远也没有办法把船划进去。

蓄热比赛

你知道陆地和海洋哪个蓄热更快吗？现在来做一个小游戏，就可以回答了。

首先找来一支温度计、一杯水和一杯土。然后将一杯水和一杯土放在太阳底下照射20分钟。用温度计量一下水和土的温度，你会发现土的温度比水高。

这是为什么呢？原来，在水中热量可以传导，但是在土中热量被保留在表面，阳光无法穿透，而且相同量的水和土，水升温要比土所需要的热量多，所以地面会很热。

有尾巴的彗星

实验目标

乒乓球上的毛线飘了起来。

实验材料

一根筷子、一把小刀、一卷胶带、一个乒乓球、一台电风扇、三束毛线。

实验操作

首先用小刀在乒乓球上割开一个小洞，将筷子插入洞里，用胶带粘结实。然后将三束毛线用胶带粘在乒乓球上，打开电扇，把乒乓球举到电扇前，这时毛线就都飘了起来。

191

科学原理

毛线被吹起来，这个道理大家都懂，彗星有尾巴也是这个原因。在太阳发出的强烈的太阳风的吹动下，彗星自身散发出的气体就会被吹离，朝着与太阳相反的方向延伸，就长出"尾巴"来了。

注意事项

家长须在一旁协助。

小游戏

北极星与纬度

你知道如何测量纬度吗？通过测量北极星的高度可以推算出纬度的。下面就让我们来尝试一下吧！

首先，我们要在白天的室外找一个可以看到北方地平线的地点，并记下来。在晴朗但没有月亮的晚上，站在那个地方找到北斗七星，通过北斗七星找到北极星。然后，就可以用你的手来测量北极星在水平线上的高度，而这个高度就等于你所在地区的纬度。例如：你量出北极星在地平线上有四个拳头高，就表示它在水平线上40°，因此你所在的纬度是北纬40°。

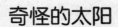

奇怪的太阳

实验目标

灯光被书挡住后，依旧能看到灯光。

实验材料

一盏台灯、一个装有水的瓶子、几本书。

实验操作

首先把书叠在一起，放在桌子的一端，把装有水的瓶子放在书的旁边。然后把台灯放在桌子的另一端，使书的高度能够挡住光。但是就算是灯的位置比书低，还是能够看到灯光。

科学原理

在灯光照射的时候，圆形的装着水的瓶子就像是地球的大气层一样会折射光线，让你看到光线的影像。太阳升起或者落下的时候，阳光就会穿透厚厚的地球大气层，所以太阳从地面升起前的几分钟里我们就能在地平面上看到太阳的影像了。

沙土里的坑

如果现在你有以下材料，就可以做一个有关沙土的小游戏了。这些材料是：一个脸盆、一个玻璃球、沙土和彩色涂料粉。

首先把沙土倒进盆里，均匀铺平，在上面撒上彩色的涂料粉。然后瞄准脸盆中央，向沙土里投掷玻璃球。再把沙土抚平，到更远处投球。结果就会发现，玻璃球投掷的距离越远，速度越快，沙土上的坑就会越深。

这是为什么呢？动量与物体的质量和速度成正比，所以高速运动的物体动量很大，因此就会出现这种现象。

近距离看"日食"

实验目标

移动乒乓球时，会有一瞬间看不到灯泡。

实验材料

一个乒乓球、一盏没有灯罩的台灯。

实验操作

首先打开台灯，面向台灯，闭着一只眼睛，把乒乓球拿到睁开的眼睛前面慢慢地左右移动。在移动的过程中有一瞬间是看不到灯泡的，但很快就能再看到灯泡了，就像日食一样。

科学原理

当灯泡、乒乓球与睁开的眼睛排成一条直线的时候，就看不到灯泡了，就像日食时，地球、月亮、太阳排成一条线，结果就看不到太阳了一样。

不同颜色的底片

如果现在你有一卷透明胶带、一个透明的玻璃杯、3张底片和3片厚度大约为0.5厘米的浅色玻璃，那么你就可以知道木星的云层是怎样形成的了。

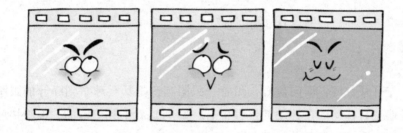

晴天时，在一个黑屋子里用透明胶带将3张底片贴在3片玻璃的不同位置上，感光面朝下。然后把这3片玻璃叠放在玻璃杯上，将它们放在太阳光下照射1分钟。之后把这3块玻璃拿到黑屋子里，将底片从玻璃上揭下来，就会发现3张底片呈现不同的颜色。

这是为什么呢？原来叠加在底片上的玻璃的厚度不同，使得底片形成了不同的感光效果，所以就呈现了不同的颜色。木星上云层也有薄厚之分，因此反射出来的太阳光也就有强弱，所以木星上就会呈现各种颜色。

证明地球的形状

实验目标

纸球在快速旋转中变成了椭圆形。

实验材料

一张纸、一把剪刀、一支铅笔、一把直尺、胶水。

实验操作

首先用直尺量好两条等宽、等长的纸条，并用剪刀把它们剪下来，把两个纸条的中心交叉粘在一起。然后把"十"字形的纸条的四端粘在一起，使纸条变成球形。等到胶水干了以后，用铅笔从纸球的底部穿过，再从顶端穿出。最后用双手搓动铅笔，纸球在快速旋转中变成了椭圆形。

科学原理

球体旋转时中部被外拉，两端就稍稍往里缩，所以就成为椭圆形了。旋转的地球也是这样的。

小游戏

不同的温度

如果现在你有这些材料的话，你就可以弄明白，为什么不同的地方春天到来的时间不同了。这些材料是：一支铅笔、一张纸、一盏台灯、一个耐热的玻璃盘、一杯深色的土、一杯淡色的沙和两个温度计。

首先把盘子放在台灯旁，在盘子的一边装上深色的土，另一边装上浅色的沙。然后在沙和土上各自插上一个温度计，用笔在纸上记下它们的温度。打开台灯，让台灯照射盘子上的沙和土，过一段时间后就会发现，深色的土比浅色的沙的温度高。

这是为什么呢？原来深色的物体对光和热的吸收能力要强于浅色的物体，所以土的温度会高于沙。太阳照射地球上时也会出现同样的效果，深色的土壤升温快，"春天"就来得早，浅色的土壤升温慢，"春天"就来得晚。

参考文献

［1］郭峰．天才孩子最喜欢的科学游戏［M］．北京：海豚出版社，2010.

［2］脑力创意工作室．全世界都在玩的科学游戏［M］．北京：电子工业出版社，2010.

［3］龚勋．游戏中的科学［M］．昆明：云南教育出版社，2010.

［4］后藤道夫．让孩子着迷的77×2个经典科学游戏［M］．施雯黛，王蕴洁，译．天津：天津教育出版社，2008.

［5］吕秋兰．游戏中的科学［M］．北京：民主与建设出版社，2008.

［6］杨沫沫．我的第一本趣味科学游戏书［M］．北京：中国画报出版社，2012.

［7］李蕴．孩子最爱玩的90×2个益智科学游戏［M］．北京：中国铁道出版社，2014.